可以平凡，
绝不平庸

刘亚男　编著

吉林文史出版社
JILIN WENSHI CHUBANSHE

图书在版编目（CIP）数据

可以平凡，绝不平庸 / 刘亚男编著. -- 长春：
吉 林文史出版社，2019.9（2023.9重印）
ISBN 978-7-5472-6477-5

Ⅰ．①可… Ⅱ．①刘… Ⅲ．①成功心理—通俗读物
Ⅳ．①B848.4-49

中国版本图书馆CIP数据核字(2019)第153404号

可以平凡，绝不平庸
KEYI PINGFAN JUEBU PINGYONG

编　　著　刘亚男
责任编辑　魏姚童
封面设计　韩立强
出版发行　吉林文史出版社有限责任公司
地　　址　长春市净月区福祉大路5788号
网　　址　www.jlws.com.cn
印　　刷　天津海德伟业印务有限公司
版　　次　2019年9月第1版　2023年9月第3次印刷
开　　本　880mm×1230mm　1/32
字　　数　145千
印　　张　6
书　　号　ISBN 978-7-5472-6477-5
定　　价　32.00元

前　言

　　大千世界，芸芸众生，不同的人有着不同的命运。能够左右命运的因素很多，而人的格局与远见，是至关重要的两个因素。

　　格局决定结局。拥有怎样的格局，就会拥有怎样的命运。很多大人物之所以能成功，是因为他们从默默无闻时就开始构筑人生的大格局。所谓大格局，就是拥有开放的心胸，远大的理想，长远的目标。一个人的成就，超不过他的格局。

　　远见决定高度。天下潮流，浩浩荡荡，顺势者昌，逆势者亡，唯有远见者才能站得高，看得远，高屋建瓴。成功其实没有太多奥妙，只需要做每一件事情都快人半步。这是所有成功人士的共性：拥有对未来的科学预见和高瞻远瞩。

　　人生是一盘大大的棋，不少选手只在一个边角消磨时间。要是能怡然自得倒没什么，因为幸福只是一种单独个体的感觉，你觉得蛮好，那就蛮好，旁人无法置喙。但若你一面埋怨自己"命苦"，不甘心，不服气，却还在那个狭仄的边角不思改变，那就需要好好反思了。

　　而高手不同，他们会给自己树一个远大的理想和清晰的目标。他们低头赶路，却不忘适时仰望天空。偶尔停下来休息，却不会停滞不前。

　　可以平凡，绝不平庸。人生就是这样，在天真中充满梦想，在现实中寻找自我，在苦难中磨砺品性，在失去后学会珍惜。勇敢地突破生命的旧格局吧，成长的过程就是破茧成蝶，挣扎着褪掉身上所有的青涩与丑陋，在阳光下抖动轻盈美丽的翅膀，闪闪地、微微地、幸福地颤抖，然后才能拥有美丽的蓝天！

目 录

第一章 选手的格局决定结局

第二章 选择适合自己的人生舞台

第三章　审时度势，预见未来

第四章　找准方向，放手作势

第五章　机会面前目光如炬

第一章
选手的格局决定结局

有则笑话说，一个叫花子碰巧救了一位皇帝的命，皇帝赏赐时询问他想要什么？叫花子说："求皇上恩准我可以到隔壁街上要饭，以前我去那里总是被别的叫花子赶了出来！"

这名叫花子的格局，注定他一辈子只能混迹于乞丐江湖。身为人生竞技场上的选手，你的格局决定了你的结局。

做大人生格局，创造精彩人生。

大格局的人生更精彩

古今中外，那些有着大格局的人，往往能成就一番事业。毛泽东是中国历史上当之无愧的伟人，他在颠沛流离的行军中指点江山，在硝烟四起的战场上激扬文字，那前无古人的磅礴气势，汪洋浩瀚的博大胸怀，深邃辽阔的美学容量，铸成了他那有着人生大格局、生命大境界的大写的"人"字。古今中外，大凡成就伟业者，无一不是一开始就从大处着眼，从内心出发，一步步构筑他们辉煌的人生大厦的。

格局有多大，人生的舞台就有多精彩。每一个想成功的人，都要拥有一个大格局，都要懂得掌控大局。如果把人生比作一盘棋，那么人生的结局就由这盘棋的格局决定。在人与人的对弈中，舍卒保车、飞象跳马……种种棋招就如人生中的每一次拼搏。相同的将士象，相同的车马炮，结局却因为下棋者的布局各异而大不相同，输赢的关键就在于我们能否把握住棋局。要想赢得人生这盘棋局，就应当站在统筹全局的高度，有先予后取的度量，有运筹帷幄之中而决胜千里之外的方略与气势。棋局决定着棋势的走向，我们掌握了大格局，也就掌控了大局势。

通过规划人生的格局，对各种资源进行合理分配，才更容易获得人生的成功，理想和现实才会靠得更近。人生每一阶段的格局，就如人生中的每一个台阶，只有一步一步地认真走好，才能够到达人生之塔的顶端。人，应该为自己寻求一种更为开阔、更为大气的人生格局！扩大自己内心的格局，去构思更大、更美的蓝图，我们将会发现，在自己胸中，竟有如此浩瀚无垠的空间，竟可容下宇宙间永恒无尽的智慧。

平和是一种至高的人生境界

　　人生犹如一件乐器的弦，压力过大，弦就会断。只有不时地减轻压力，弦音才能优美动听。正如陈继儒所说："宠辱不惊，看庭前花开花落；去留无意，望天上云卷云舒。"只有当心态有了平和而又不失进取的弦音，我们生存在这个社会中才能左右逢源，许多棘手问题也便迎刃而解，许多人间的美景才能尽收眼底。平和的心态是一种至高的人生境界，一种面对荣誉、金钱、利益的乐观与豁达。

　　有人曾问苏格拉底："请告诉我，为什么我从未见过您蹙眉，您的心情怎么总是这样好呢？"苏格拉底答道："我没有那种失去了它就使我感到遗憾的东西。"

　　任何一次成功都仅仅是人生旅途中的一个驿站，它来源于平实，最终归于平实，一个社会格局的开创固然需要很多野心勃勃的人物去努力，但一个社会是否能够持久安定，维持文化的尊严与品格，还是需要全社会都建立培养一种平和的心态。

　　平和的心态对减轻压力的积极作用，是任何药物都不能替代的，在竞争日益激烈的今天，学会平和自己的心态对身体健康乃至事业的成败都是至关重要的。有句俗语："心静自然凉。"如果人的心态、心境能够悠然、恬静、积极健康、顺其自然，那么即使是在炎热的夏天，也会有清凉的感觉。或许有人会说古人生活在田园之间，"采菊东篱下，悠然见南山"这种典型的农业文明下，人不需要面对那么多的诱惑，自然能够做到心态平和，这句话或许有一定的道理，在物欲横流、诱惑重重的今天能够做到平和并非易事。我们不断地接受各种各样的刺激，不断地接收五花八门的信息，不断地积累人生经验。面对纷繁芜杂的大千世界，久而久之，连我们自己都会被搅得晕头转向，不知道这些到底是什么，自己所要的又是什么。我们积累了太多关于名誉、地位、财富、学历的欲念，同时也积累了很多兴奋、自豪、快乐、幸福以及烦恼、郁闷、懊悔、自卑、挫折、沮丧、愤怒、仇恨、压力等种种复杂的情绪。我们会时常为之所动，甚至神魂颠倒，被外界的刺激搅得心神不宁甚至坐卧不安。

要重新稳固我们生活的定力，回归平和的心态，就常常得给自己的心灵洗一个澡，经常将这些积累的东西分类鉴别。早该抛弃的是否依旧还在占据你的心灵空间？早该珍视的是否还在被你漠视？吐故纳新之后，就如同你在擦拭掉门窗上的尘埃与地面上的污垢，把一切整理就绪之后，整个人好像心理的阴霾被荡涤一样，获得一种快意无比的心理释放。

心理学家也告诉我们，对自己不要过分苛求。若把目标和要求定在自己力所能及的范围内，不仅易于实现，而且心情也容易舒畅；对他人的期望不可过高，很多人把自己的希望寄托在他人身上，若对方达不到自己的要求，就大失所望。

但是平和并不是掩饰退缩、自欺欺人的外衣，这些年来，"平常心"似乎成了一个时髦的词，在各种媒体中使用率非常高，但是其实平和是一种经过挫折失败，不断奋斗努力才能历练出的人生境界。事实上就像小孩子不跌倒就不会走路一样，不经过一番血与火的生命洗礼，哪能如此轻易地练就一颗平和的心呢？

追求你渴望的人生

余秋雨先生曾说："人生的追求，情感的冲撞，进取的热情，可以隐匿却不可以贫乏，可以浑然却不可以清淡。"人的追求在哪里，他的人生也就在哪里。我们不应该在内心为自己限定高度，那样只会阻碍自身的发展。

有一家跨国企业在招聘中出了这么一道题："就你目前的水平，你认为10年后自己的月薪应该是多少？你理想的月薪应该是多少？"

结果，那些回答数目奇高的应聘者全部被录用。其后面试官解释说："一个人认为自己10年后的工薪竟然和现在差不多或者高不了多少，这首先说明他对自己的学习、前进的步伐抱有怀疑态度，他害怕自己走不出现在的圈子，甚至干得还不如现在好。这种人在工作中往往没什么激情，容易自我设限，做一天和尚撞一天钟。他对自己的未来都没有信心，我们又怎能对他有信心？"

如果你被自己所画的那条线限制住，你的行动、欲望、潜能便会被扼杀。因为自我设限的观念带给人的是对失败的惶恐和不安，又对失败习以为常，丧失了信心和勇气，渐渐形成懦弱、狐疑、狭隘、自卑、孤僻、害怕承担责任、不思进取、不敢拼搏的精神面貌，这都是小格局的表现。这使我们永远叩不开成功的大门，我们的心里因此默认了一个"高度"，这个高度常常暗示自己：成功是不可能的，这是没有办法做到的。

没有追求的人生，就是无的放矢，就像轮船没有了舵手、旅行时没有了指南针，会令我们无所适从。梦想，是一个人未来生活的蓝图，又是人精神生活的支柱。一个明确的梦想，可令我们的努力得到双倍、甚至数倍的回报。

美丽的人生，首先源于一个梦想，一个对未来美好生活的向往。北大女孩晓晓这样描述她曾经对北大的向往：

"很小很小的时候，北大就是我心中的一个圣殿。那里有美丽的未名湖、博雅塔，渊博的老教授在校园的林荫道上前行，浓浓的书香弥漫在整个校园。但是，儿时的我从未想过自己会属于那里，只是匍匐在地上仰望她，觉得她是那样神圣而遥不可及。"
"初中毕业之后，我到北京旅游，第一次走进了北大，便深深爱上了这个地方。我渴望走进那藏书甚丰的图书馆，仿佛一块被烤干的海绵突然被浸到水里一般拼命地汲取其中的营养；我渴望每天穿过校园的林荫道，途经那些墙上长满爬山虎绿叶的古老建筑，去聆听博学多才的教授的教诲；我渴望徜徉于未名湖边，看春花秋月、夏雨冬雪，听流水潺潺、鸟语唧唧；我渴望浸染在这里浓浓的文化气息和自由民主的氛围里，让北大的气质深入我的灵魂。于是，我对自己说：'我一定要到这里来……我要让我的灵魂在这里接受一次洗礼。'"

因为有了对梦的深深向往，失落的时候，你便不会在人们的责备叹息声中迷失自我。你不会因为这小小的失败而放慢前进的脚步，因为你明白，这一点点的失败，对于你所追求的伟大梦想来说，只不过是沧海中的一朵浪花而已。

因为有了对梦的深深向往，胜利的时候，你便不会在四周洋溢的赞扬声中迷失自己。你不会因为这一点儿小小的成功而停止了追求的脚步。因为你明白，这一点点的成功，绝对不是你的最终追求，你的梦想在前方招手，你必须努力！

很多人也有梦想，但是他们却习惯于自我设限。自我设限的思想使你失去进取心，在生命中遇到一些限制，就相信这些限制会伴随你的一生。社会在改变，生命在改变，思维也应该随着社会而改变。若处处自我设限，就不可能突破自我，甚至使本来可以做到的事也变成了不可能。

是的，没有想飞的愿望，心便永远低沉，只有超越过去的局限，才能在美丽的天空自由翱翔，寻求到理想的精神家园。

孙燕姿《逃亡》中有这样的歌词："……我站在靠近天的顶端张开手全都释放，用月光取暖，给自己力量；才发现关于梦的答案，一直在自己手中，只有自己能让自己发光。"阿基米德说："给我一个支点，我将撬动地球。"给自己一个信念作为导航灯，朝着目标走下去，你一定能到达自己理想的彼岸！

态度导航人生格局

一位哲人说："人生所有的能力都必须排在态度之后。"在态度的内在力量的驱动下，我们常常会产生一种使命感和自驱力，而这种感觉的产生所能带来的远远超出我们美好的构想。态度永远是你成功的底线，态度永远承载能力，永远为能力导航。

弗兰克曾经说过："人的一切都可以被剥夺，但是人类最终的自由就是在面对某种处境时，选择自己的应对态度，选择自己的方式！"

态度是我们生活、工作中最有分量的词汇，一个人的成功中，积极、主动、努力、毅力、乐观、信心、爱心、责任心等这些积极的态度占80%以上，无论你选择何种领域的工作，成功的基础都是你的态度，可以说，态度决定结果。从这种意义上说，态度胜于能力。当然，强调态度胜于能力，并不是对能力的否定。一个只有态度而无任何能力的人，是没有用武之地的。态度是要用结果来证明的，而不是口头上响亮的口号。

有一个小和尚，立志要做住持，然而住持却要他担任撞钟一职。住持宣布调他到后院劈柴挑水，原因是他不能胜任撞钟一职。小和尚很不服气地问："我撞的钟难道不准时、不响亮？"老住持耐心地告诉他："你撞的钟虽然很准时，也很响亮，但钟声空泛、疲软，没有感召力。钟声是要唤醒沉迷的众生，因此，不仅要洪亮，而且还要圆润、浑厚、深沉、悠远。"

对待任务的态度，可以反映出一个人成功的可能性。如果一个人做事总是马虎潦草、随便应付，那么，他成功的希望是非常渺茫的。

西方有句名言说："一个人的思想决定他的为人。"我们也可以说，一个人的态度决定他的一生。能力是态度绽放的花朵，成功与失败是态度结下的果实，因此，你收获的是成功还是失败，完全取决于你自己的态度。正确的态度往往能让你的能力尽情施展，无论你身处何地、身处何境，只要你端正态度，迟早能收获成功。

任中国外交学院副院长的任小萍，大学毕业后被分到英国大使馆做接线员。在很多人眼里，接线员是一份很没出息的工作，然而任小萍却非常认真地对待。她把使馆所有人的名字、电话、工作范围甚至连他们家属的名字都背得滚瓜烂熟。当打电话的人不知道该找谁时，她就会多问几句，尽量帮他准确地找到要找的人。慢慢地，使馆人员有事外出时并不告诉他们的翻译，而是直接找她，告诉她谁会来电话，请转告什么，等等。不久，有很多公事、私事也开始委托她通知。她成了全面负责的留言点、大秘书。

有一天，大使竟然跑到电话间笑眯眯地表扬她，这可是破天荒的事。没多久，就因工作出色而被破格调去英国某大报记者处做翻译。

该报的首席记者是个名气很大的老太太，得过战地勋章，授过勋爵，本事大，脾气也大，甚至把前任翻译给赶跑了。刚开始老太太不接受任小萍，看不上她的资历，后来才勉强同意一试。结果一年后，老太太逢人就说："我的翻译比你的好上 10 倍。"后来，工作出色的任小萍又被破格调到美国驻华联络处，她干得同样出色，不久即获外交部嘉奖。

人无论处于何种境地，只要端正自己的态度，就可以找到属于自己的位置，人生的格局就能一步步打开。有时候，你的能力可能一时不被认同，但只要你能端正自己的态度，从一点一滴的事情做起，就可以让成功之花在你努力工作的过程中绽放。

没有比脚更长的路

俗话说，没有比脚更长的路，心有多高，山就有多高。有位哲人说过，你能登上多高的山峰，取决于你的心对这座山峰的态度。当今社会，态度已经成为竞争的决胜武器，成为评价一个人的重要因素。态度是学历、经验和人格特质的总和，态度又永远比教育、金钱、环境更重要。

在这个世界上，成功卓越者少、失败平庸者多。成功者活得充实、潇洒，失败者过得空虚、艰难。产生这种根本区别的原因很简单，就是"态度"。不同的态度，成就不一样的人生格局。而且，态度不仅仅只和工作相关，对人的一生来说，它还具有更广泛的意义。用一位古代哲人的话来说就是："态度决定你的高度！"下面的故事就是对这句话的一个完美诠释。

军事题材电视剧《士兵突击》让人们认识了一个凡事都认真对待的许三多。许三多喜欢读书，父亲却要把他送进部队，认为只有这样，这个从小怯懦的许三多才会有些出息。懵懵懂懂就踏入了军营，许三多把班长史今视作依靠，副班长伍六一担心许三多拖垮班长让班集体蒙羞。新兵训练结束后三多被分到了后勤管道维护班，老乡成才则去了鼎鼎大名的钢七连。维护班的三多依然每天出操、训练，老兵们觉得他不合群。

班长老马随口说起当年曾想在这里修一条路，许三多把班长的话当成了命令，靠一个人的力量修成了这条路。老兵们受到了感染，五班发生了巨大的变化。团长听说了此事，把许三多调到了钢七连，到了钢七连后，许三多成了越来越没信心的人，错误不断，作为装甲侦察兵，竟然晕车……许三多拖累了全班的成绩，班长启发教导许三多。为了克服晕车，许三多一次次地在单杠上旋转，直到全团考核中，让全连大吃了一惊……渐渐地，许三多成了训练和比赛的尖子。而班长史今被列入了复员退伍的名单。为了将班长留下而拼命训练出成绩的许三多懵了……在离别的痛苦和艰苦的训练中，许三多成长了起来。师对抗演习中，他俘获了侦察大队大队长袁朗。钢七连却奉命撤编，许三多成了钢七连的最后一个兵，留守营房，许三多开始自言自语。

父亲许百顺想让许三多复员，战友做出许三多在部队了不得的样子。许三多深感愧对父亲，全军成立多栖作战单位"A大队"。袁朗受命组建，许三多、伍六一、成才参加了远距离作战比赛，许三多和成才最终入选。"A大队"只有冷血、只有训练。新的作战形态需要许三多独立判断和决定行动，许三多靠本我的力量，坚持了下来。而天资聪明的成才被淘汰了。在与毒贩的实战行动中，毒贩临终的眼神和杀人对许三多的冲击，让许三多精神难以恢复。袁朗让许三多暂时离开军营，许三多遇到了当年伴他成长的战友们，战友们看出了许三多的痛苦和挣扎。许三多的家庭也发生了重大变故。父亲石灰厂储存的炸药炸塌了房屋，进了监狱。大哥跑了，二哥则守着残垣靠泼皮对付讨债的人。许三多回到家乡，从监狱里接出了父亲，又靠袁朗他们的集资让亲人们有了新的前景。许三多回来了，袁朗他们终于放下了心。在一场突发战斗中，A大队奉命出击……

从许三多的例子中，我们可以看出，再微不足道的工作，只要用心去做，都会有回报。以认真负责的态度走好每一步，就能拥有一个不一样的人生。如果你对自己的生活采取一种敷衍的态度，那么生活也会敷衍你；如果你以一种积极认真的态度去对待它：它也会让你大有收获，并且助你登上人生更高的山峰。

预见未来，做大格局

1910 年，28 岁的他只是一个从耶鲁大学中途辍学的木材商人。有一天，他在观看了一场飞行表演后突发奇想：为什么不把飞机改造成经济实用的交通工具呢？自此，他对飞机产生了浓厚的兴趣，并不断研究飞机的构造。因为那时飞机还处于启蒙时期，驾乘飞机只是少数人用以娱乐、运动的一种昂贵消费，所以当时科学界对他提出的所谓"发展航空事业"嗤之以鼻。但他并未就此放弃，而是开始了十几年如一日的飞机制造。

20 世纪 20 年代，他觉得替美国邮政运送邮件将会是一桩赚钱的生意，于是决定参加"芝加哥——旧金山邮件路线"的投标。为了赢得投标，他把运输价格压得非常低，反而引起了专家们的怀疑，他们认为他的公司必倒无疑，甚至邮政当局也怀疑他能否撑得下去，要求他交纳保证金才肯签约。但他自信满满，他对公司所研制的飞机重量进行了严格的要求，不出所料，他的邮件运送业务开始获利，很快，他从运送邮件发展到载运乘客。

二战结束后，航空工业空前委靡，他的公司也停产了。为谋生计，他不得不转为制作家具，但仍想方设法供养着公司的几个重要骨干，以保证飞机研发计划能继续进行。他身边传来各种各样的声音，大部分人认为他太过狂热，不切实际，但他坚信，航空业终究会柳暗花明，他说："我可以预见未来……"

他就是这样特立独行、我行我素。今天，这个自以为是的人所创立的飞机制造公司成为全世界最大的商用飞机制造公司之一，他便是闻名全球的波音飞机制造公司的创始人——威廉·波音。

"除了事实之外，再也没有权威，而事实来自正确的认知，预见只能由认知而来。"这是古希腊哲人希波克拉底的话，它也曾被作为座右铭挂在威廉·波音办公室的门上。

　　要想比别人看得远，就要比别人站得高些；要想比别人走得远，就要比别人想得远些。一个想掌控未来的人，就应该像威廉·波音一样对自己的未来有所预见，否则，只会陷入眼前的困惑中，想不开，走不出，不仅会减缓成功的速度，也容易多走弯路，甚至遭遇险情。

　　培养自己预见未来的能力，要先从培养细致准确的观察力和超前思考的能力入手。众多杰出人工都有一个共同点，就是善于观察和思考，通过这两项能力，他们能看到别人看不到的前方，能高瞻远瞩地看清时代的发展方向。他们的思维总是超前的，所以他们能够引领时代的潮流。生活中，那些对自己的未来没有预见的人，往往会被眼前的利益所蒙蔽，看不到远方的危险。所以，要学会高瞻远瞩，培养自己预见未来的能力，拥有开阔的眼界，只有这样，才能扩大人生格局。

　　在预见未来的时候，人非常容易犯想当然的错误，许多认识上的错误都是想当然造成的。事实上，貌似理所当然的事情往往并非必然，这是因为世界上的事物是错综复杂的，一个条件可得出多种结果，一果亦可能多因，影响事物变化发展的，除了必然性，还有偶然性。

　　一位学者指出："要使自己有一副优秀的大脑，勿被看起来似乎理所当然的事所迷惑。"想当然的猜测不是科学的预见，它会将我们的人生规划和行动引向歧途，所以我们要尽力减少想当然的错误，时时提醒自己不要轻易下结论，时时提醒自己：我的判断充分吗？我的预测合理吗？只有这样，才能做出理性的判断和有价值的预见。"要是我早点开始就好了！"这是很多人到了一定年龄后的感叹。为了避免将来后悔，最好及早开始。当然，人的预见不可能永远正确，也会有失误的时候，不过，以失误最少者为指针，则是不变的方法。能够弥补这种失误的方法，就是多观察、多思考，用理性的头脑分析问题。成功者都是在不断的预见、不断地思考中走向人生的大格局。

成大事者要从大处着眼

有一句名言是"成大事者不拘小节"，意即成大事者必须抓住主要矛盾，认准大方向，着力于解决主要问题，而对于与大局无关的细枝末节的问题可以忽略。在生活中，许多人细心、谨慎，任何一件小事都深思熟虑，却事业无成；而一些功成名就的人，往往只关注自己事业领域内的事情，对日常生活中的小事反而很马虎。

梁国有一位君王，很想把国家治理好，做一个有作为的皇帝，于是他每日勤于政事，事无巨细，事必躬亲。比如，他制定了严格的法律，规定哪些事情可以做、哪些不可以做，甚至对人们在大路上走路的姿势都做了严格规定。

虽然他非常认真负责地管理国家，然而效果并不尽如人意，老百姓怨声载道，社会秩序混乱不堪。梁王非常苦恼，却又无计可施。他听说杨朱满腹经纶，就向杨朱请教。

杨朱对梁王说："你看见过放羊的情景吗？有一群羊，如果让一个小孩拿着鞭子守护着，要羊向东，羊群就向东，要羊向西，羊群就向西。可是，假如让尧帝来把每只羊都牵上，还让舜帝拿着长长的鞭子跟在后面，羊反而就不好放了。而且我还听说过这么一句话：能吞下大船的鱼不在支流中浮游，鸿鹄只在高空中飞，不会落在低矮的屋檐上。这是什么原因呢？因为它们志向高远。黄钟大吕这样的乐器不和繁杂的乐音合奏，这又是什么原因呢？因为那是高亢的乐律。所以，成大事者不拘小节。今天君王你身居高位，想成就大业，可是事无巨细，什么小事都管，结果适得其反，做出越俎代庖的事来，使本来应该管的事反而没有管，你说这样怎么能把国家治理好呢？"

梁王听了幡然醒悟。

有一句俗语说得好：在其位谋其政。作为君王，治理国家应该从大处着手，如果不论事情大小都事必躬亲，往往不会取得好的效果。把自己应做的事做好了，就非常不容易了。所以，一个拥有大局意识的人做任何事都要从大处着眼。

每个人的精力都是有限的，不管他多么努力，不管他多么勤奋，也不可能把一生中的每一件事情都做好。事事都要做好，反而事事都做不好。一生中只要做好几件重要的事，你的人生就是成功的。春秋时的越王勾践，在失败后以为吴王当奴隶为"小节"，卧薪尝胆，十年积蓄，一朝灭吴，一雪前耻；韩信不拘胯下之辱，最终成了西汉的开国功臣；大科学家爱因斯坦整日蓬头垢面，却提出了对后世影响深远的相对论；曾国藩以方圆谋人生，坚持着这样的信条：定准方向，不把心思花在小事上，而是抓住主要矛盾，从大局去考虑问题，因而他的《曾氏家书》中的许多信条被后人奉为经典……像这样不拘小节的人还有很多，他们目光高远，从大处着眼，最终开创了人生的大格局。

军事家诸葛亮曾说过，治世以大德不以小惠。对于一个有智谋的人来说，当别人注意小事的时候，他会从大处着眼，比别人看得远；当事情越忙越乱时，他会静下心来，不动声色地把事情理顺；当别人束手无策的时候，他会顾全大局，思维超前，游刃有余地解决问题。我们欲成大事，必须洞察方向、把握大局、心怀宏图大略。正所谓"会当凌绝顶，一览众山小"，只有心无旁骛，才能专心致志。若拘泥于小节，沉迷于雕虫小技，将精力和时间过多地投放在非原则的琐事之上，"眉毛胡子一把抓"，就会顾此失彼，必然对成大事产生阻碍。

从容布好人生的局

　　一般来说，下围棋都要经历三个阶段——布局、中盘、收官。在黑与白的对垒中，充满着人生的大智慧。若将人生也比作下棋，可谓非常贴切。人生"布局"不好，进入"中盘"的"搏杀"阶段就会很困难。

　　人生的布局在你有了人生的方向与目标后，就要立即开始着手。你应该好好思考，为了达到目标，自己的知识和能力有哪些方面需要补缺？需要向外界寻求哪些帮助？这些帮助如何获得？

　　一个有志当企业家的平凡青年，他在人生布局阶段应该学习企业经营管理的相关知识，从书本上、从实际工作中，从名人的访谈中……为自己将来创业做一些个人能力的储备。同时，他还应该留心市场的变化，保持自己对于市场的敏锐感觉。此外，还应该有意识地接近一些有投资能力的人，为自己将来创业资金的短缺预留后路。他要做的事情远不止这些，例如努力攒钱作为将来创业的启动资金等。总之，他要根据自己的目标，加长自己的"短板"。

　　美国著名成功学家拿破仑·希尔在研究全美数百个成功人士后，得出一个结论：那些看似一夜成名的人，其实在成名之前就为成名默默地准备好了一切。拿破仑所谓的"默默准备"，就是编者所说的人生布局。人生布局的时间有时会很漫长，而且在当时看不到多少明显渐明与成绩，因此有不少、人会忽略这个步骤。但一项能够称得上事业的成功，又岂能一蹴而就？

　　应该学习一些你需要的知识，使你能够顺利地实现你的计划。例如：你若想当一个出色的医生，你不能想当就当，你至少要进入医学院修读，进入医学院需要在中学阶段学好某些理科课程，你必须按顺序去完成，并使成绩达到优秀。然后在医学院内进行艰苦的实习，再正式为病人服务，这期间仍需努力进修，继续汲取专业知识，直至获取高级医师的资格。此后，就要把握任何一个医治疑难病人的机会，积累经验，尽量利用现有可获得的知识与技术，等到知识和经验都非常丰富了，就可以考虑从事研究工作，或是自己挂牌行医。

　　只有你为自己的人生布好了一个周密的棋局，你人生的每一步才能走得顺理成章，不畏艰险，直到你达到自己理想的那一天。

打破旧思想才能舒展大格局

在阿拉伯国家流传着这样一句谚语：再大的烙饼也大不过烙它的锅。这句话的哲理是：你可以烙出大饼来，但是你烙出的饼再大，它也得受烙它的那口锅的限制。我们所希望的未来就好像这张大饼一样，是否能烙出满意的"大饼"，完全取决于烙它的那口"锅"……做人的格局，简而言之，我们的格局决定了我们的人生。

相信很多人会遇到这样的情况，当她准备接受一种新潮的观点时，脑海中忽然跑出旧的观念，接着新观点被否定了；当你准备做一件从未做过的事情时，由于身边朋友的质疑，你就放下了……这种情况很多，往往是在你想进行一个与往常不同的计划时，被人质疑，继而自我否定，结果被局限在以往的格局里，因循守旧，无所作为。

在一般人看来，农村妇女的生活是毫无色彩可言的。在大家的印象里，农村妇女就是一副朴素、吃苦耐劳的模样，他们为了整个家庭压弯了自己的脊梁，脸上也布满了皱纹。然而，当你看到她的时候，你一定不会这样说了。《半边天》节目曾经报道了一位很懂生活情趣的农妇诗人杨东凌。她是一个懂得生活的女人，无论她身处何种环境，她都会将生活调理得有滋有味，别有一番诗意在心头。

你可以想象吗？一个最普通不过的中年农妇，她同样每天相夫教子，种地养畜，洗衣煮饭，没事时也打打麻将。但除了把生活打理得紧紧有条以外，她还有许多乐趣爱好：养宠物、旅游、做生意、炒期货、美容减肥……她把自己家里养的小狗小猫小鸡当宠物来养，每天还给它们按时洗澡；她喜欢穿衣打扮，追逐时尚，每天换三次衣服，于是得了个绰号"杨三换"；她观念超前，在种地养畜之余，做起了大蒜、菠菜、棉花等农产品生意，而且还做期货，小日子过得红红火火，丝毫不比一般城市人差；她有着和别的农妇不一样的梦想，她想去西藏。最让人瞠目的是，仅有初中文凭的她最大的兴趣是，在网络上开博客写诗歌。生活中再平常不过的物品，在她充满诗意的眼中都有了非比寻常的意义，小猫、小鱼、小青蛙甚至摊放在床上的衣物，都成了她丰富的创作题材。

大家都说杨东凌过得是最有诗意的乡村生活，其实她是把最普通的生活过成了一首诗。

杨东凌用一个宁静而开朗的心态，在俗世和诗园畅游。

一个敢于打破旧思想的人，是一个懂得享受人生的人，是一个智慧的人。

旧格局是成功的大敌，它会阻碍一个人的思想，限制一个人的发展。若想取得长足的进步，就一定要开发自我，打破这种旧的格局，舒展自己的人生。

相信你的未来不是梦

安第斯山脉有两个好战的部落，一个住在低地，另一个住在高山上。有一天，住在高山上的部落入侵位于低地的部落，并带走该部的一个婴儿作为战利品。低地部落的人不知道如何攀爬到山顶，即使如此，他们仍然决定派遣勇士部队爬上高山去夺回这个婴儿。

勇士们试了各种方法，却只爬到了几百尺高。正当他们决定放弃解救婴儿，收拾行李准备回去时，却看到婴儿的母亲正从高山上朝他们走来，背上还缚着她的小孩。其中一位勇士走向前迎接她，说："我们都是部落里最强壮有力的勇士，连我们都爬不上去，你是如何办到的？"

她耸耸肩说："因为她不是你的小宝贝。"

对成功而言，你需要的不仅仅是希望，你要对自己的成就充满热切渴望的情绪。渴望和希望的区别，往往被一些语言学家所忽视了。"希望"这个词经常跟随一些虚拟语气，表达一种认为不可能实现的目标；"渴望"则体现着一种情绪的动力和精神上的信心。渴望是强烈的、有信心实现的希望。

渴望代表着一种信念，对未来的强烈信念。自信是对成功一种强烈的渴望状态。自信的诀窍就在对自我成功的渴求和认知上。成功学家拿破仑·希尔总结了关于"信心诀窍"的一套力方法，列举了任何人都容易做到的八大诀窍。

诀窍一：在心中描绘一幅自己希望达成的成功蓝图，然后不断地强化这种印象，使它不致随着岁月流逝而消退模糊。此外，相当重要的一点是，切莫设想失败，亦不可怀疑此蓝图实现的可能性。因为怀疑将会对实行构成危险性的障碍。

诀窍二：当你心中出现怀疑本身力量的消极想法时，要驱逐这种想法，必须设法发掘积极的想法，并将它具体说出。

诀窍三：为避免在你的成功过程中构筑障碍物，对可能形成障碍的事物最好不予理会，最好忽略它的存在。至于难以忽视的障碍，就下番功夫好好研究，寻求适当的处理良策，以避免其继续存在。不过，最好彻底看清困难的实际情况，切勿虚张程度，使其看来愈加显得困难。

诀窍四：不要受到他人的影响，而试图仿效他人。须知唯有自己方能真正拥有自己，任何人都不可能成为另一个自己。

诀窍五：每天重复说 10 次这句强而有力的话："谁也无法抵挡我的成功。"

诀窍六：寻找对你了若指掌、且能有效提供忠告的朋友。你必须了解自己自卑和不安的问题所在。虽然这问题往往在少年时期便已发生，但了解它的来源将使你对自己有所认识，并帮助你获得援救。

诀窍七：每天大声复诵这句话 10 次："虔诚的信仰给了我无穷的力量，凡事都能做。"这句话对于克服自卑获得自信可称得上是最有效的良方。

诀窍八：正确评估自己的实力，然后多加一成，作为本身能力的弹性范围。

行动可以表露一个人的很多东西。一些优秀而有经验的雇主，能够从一个人的言谈举止中相当准确地判断出一个人的品行和才能。眼光敏锐的人能够从路过身边的人中指出哪些是成功者。因为成功者走路的姿势、他的一举一动都会流露出十分自信的样子，从他的气度上，就可以看出他是一个自主自立、有决断的人。一个人的自信和决心是他万无一失的成功资本。

同样，眼光敏锐的人也随时可以看出谁是失败者。从走路的姿势和气势，可以看出他缺乏自信和不学无术，从他的一举一动中也可以显露出他拖拖拉拉、懦弱怕事的性格。缺乏信心和充满信心，是成功和失败的分水岭。

在生存竞争中赢得最后胜利的人，行动中一定充满了无比的信心。看到他生气勃勃、精力充沛的样子，别人自然而然地对他产生信任和尊敬。而那些被击败、陷入困境的人，却总是一副死气沉沉的样子。他们看起来就缺乏自信和决断，无论是行动举止，还是谈吐态度，他们都容易给人一种懦弱无能的印象。这样，人们便不会充分地信任他们，把某种生意或者职权委托给他们，这对达成远大目标是非常不利的。因此，要使别人对你的目标有信心，就必须自信自己的未来不是梦。

第二章
选择适合自己的人生舞台

　　要实现人生的价值，需选择适合自己的舞台。舞台并不是越大越好，要根据自己的知识及本领，选择最能发挥自己、凸显自己的舞台。

　　只有在适合自己的人生舞台上，才能成为跳出最美舞姿的高手。

自己的选择自己做

面对大大小小的选择，你最先考虑的是什么？是自己的未来？还是朋友的看法？

事实上，不管做何种选择，可以肯定的是，如果你太在意别人的看法，那么，不论你选择哪一个方向，到最后总还是会有人觉得你做错了决定。既然如此，何不就根据自己的需求和价值观，做个让自己一生都无悔的决定呢？

如果世上真有对的决定，那都是相对的。也就是说，这个决定的"对"，是相对于自己的主观和人生的需求。不过，很多人都无法做出这样的决定，一方面是因为外界（亲友）的杂音太多；另一方面是因为他们仍不知道这一生自己到底要什么。

因此，有很多人做了表面上是对的决定，结果为了这个决定而悔恨一辈子；甚至有人从此一辈子逃避做决定。

事实上，所有的决定，不管是关于感情、人生方向、事业、财富、人际关系等，从面对问题到做出决定，大都要经历以下三个阶段。

第一是思考期，也就是发现问题的阶段。

第二是选择期，是对两个以上的答案或方向做选择。

第三是判断期，这是对我们的决定做一个价值上的判断，也可以说是做逻辑上（真伪）的判断。

第三个阶段可以说是一个再次回头检验自己决定的时候；每个人在做重大决定时，一定都会经历这个阶段，甚至有人一直卡在这个阶段，而无法果断地下决定。

只有忠实且真诚地通过这三个阶段，你才可以欣然接受自己的决定；否则，如果当初处处违背自己的意愿，不论你做出什么选择，到头来必然悔恨终身。

　　还记得《伊索寓言》中那对抬着驴子走路仍没有取得大伙认同的父子吗？他们可笑的故事告诫人们：自己的路要自己走，自己的选择要自己做。

瞄准靶心再扣扳机

我们做决定的动机和目标是什么？

人通常都是在还没搞清楚状况时就妄下决定，这是大多数人的通病，在面对做决定的时刻，我们通常都会乱了分寸。这时，请记得先问自己一句话："我做这个决定，到底要的是什么？目的又是什么？"

你也可以把这句话当作一句口诀，无论遇到任何问题、需要做任何决定，一定要先回答这个问题；否则，你就像要打靶而还没瞄准靶心一样，即使子弹再多，也都是弹弹虚发。

许多人在工作了一段时间后，便产生了想转换工作的念头，这其中可能有长期工作所造成职业倦怠的原因。这时候不妨安排一次长一点的假期，外出旅行散散心，倦怠感或许会因此消失，让人们再度精神抖擞地回到工作岗位上。但是，某些人也有可能在心里产生了更强烈的换工作念头，这时就必须认真考虑一些问题，做到谋定而后动。为什么想换工作？是因为升迁或薪资无法让人满意？还是表现遇到了瓶颈，渴望寻求突破？弄清楚自己的目标和动机，才能做出明智的决定。如果只是由于一时冲动，贸然辞去工作，却又不知道自己接下来要做什么，那只是平白浪费时间而已。

曾经听过一则笑话：有一个人犯了天条，要接受上帝的惩罚。上帝问这个人是要死还是要活？结果这个人想了半天，竟回答："两个都要！"

这当然是个讽刺某些人过于贪心的笑话，不过，这也反映了很多人在做决定时的心态：最好鱼与熊掌兼得！

这就像很多妈妈常问小孩，下午点心要吃巧克力饼干还是奶油蛋糕时，小孩的回答通常是"两个都要"一样。

一旦我们做决定时，会发现想要的东西太多，这个决定通常是做不出来的。就像人们出门买东西，没有事先想好要买什么，结果一路上东逛西逛，最后回到家时，才发现重要的东西居然都没买。又或者你今天想买的东西不少，却没有足够的预算，这时你就得考虑一下自己最迫切需要的是什么，先买最重要的，剩下的只好等下次有钱的时候再买。

所以说，你一定要选出一个最重要的目标，剩下的东西或许也很重要，但是为了能弹无虚发，你也不得不暂时放弃其他的。

做决定前，请先锁定你的"靶心"吧！

你是自己最佳的人生罗盘

德国著名哲学家叔本华认为：人生中的许多灾难和意外，都是我们的意志所种下的种子经过一段时间酝酿而形成的。

按照他的说法，我们在某一个情境下表现出的行为，可以说是经过我们意志选择的，也可以说是经过我们意志决定的。

需要注意的是，我们的意志决定在什么时候做什么行为的标准并不是理性及客观的。真正的命运不是玄秘难测、探寻不得的东西，其实它就是一种人生行为的因果现象。

决定命运的种子就是每个人的"决定"。

我们从小到大都在做各种决定，都在种下我们命运的种子。然后，就守着时间等这些种子的发芽、成长、结果。

一些人在做事失败之后，总是埋怨自己的运气不好。如果人生真的有运气，其实它也是操纵在自己的"决定"中。你可以选择做这件事或者做那件事，以及这样做还是那样做。有些人全然把过错推给命运，他们根本就是否定自己的存在。

在人的一生中，即使是一些微不足道的小决定，也会导致严重的后果。一些小决定累积起来，就会影响大决定的成败。

20世纪最伟大的心理学家弗洛伊德曾说过：每个人的行为背后，都有其动机及原因。这些影响人类行为的原因，或许有很多是我们难以控制的，比如心灵受创伤、教育影响、环境刺激等。但是接受各种刺激后的行为反应，却是可以由个人意志决定的。

两个年纪相仿的小学生，同时受到老师的责骂，这两个学生所受到的刺激是差不多的。不过，他们的心理及行为反应却不见得一样。他们可以选择发奋图强，也可以选择自暴自弃。或许，这跟每个孩子的成长背景不同有关。但从这件事来看，我们还是有选择权的，可以决定自己要表现什么样的行为。只是不少人都忽略了这些行为的重要性，放弃了自己的选择权，他们一般都觉得这是微不足道的小事，不需要花心思去自寻烦恼，事情过了就算了。

人生的决定无所不在，每个决定也或多或少地影响我们的命运。生活中每个决定都是命运的种子，虽然我们无法认真严谨地处理生活上的每一个琐碎细节，但是我们对"决定"还是应该要保持谨慎的态度。有一点需要牢记，正视决定的重要性是做出好决定的第一要件。

不做决定并不代表就不会犯错。在人们的心中，无时无刻都会产生一些想法，有些可能已经埋藏心中很久了，有些则是刚刚冒出来的想法。当心中有了一些想法，如果人们选择逃避不去理会，多少会觉得有所缺憾。而且，想法不经行动来验证，根本就无法判定它的价值。也许，当你做了决定，但却发现它其实并不如想象中美好；也有可能正是因为你的行动，你的潜能才得以尽情发挥。

你要成为自己最好的人生罗盘，要能勇于面对各种人生的十字路口，并以超人的眼光做出选择。否则，如果你一再逃避，所剩的可能就只是一辈子的悔恨和不甘。

别靠情绪决定自己的人生

做决定的苦一般有两种：一是下决定前的苦思、犹豫之苦；一是决定后的悔恨、无奈之苦。而人们似乎比较喜欢第二种苦。

"做了再说！""唉！船到桥头自然直！"这些通常是人们做决定时常说的话。正是因为这种心态，西方人经常嘲笑我们没有逻辑观念，笑我们的一些行为没有科学根据，有时候我们也不得不承认他们说得的确没错。

虽然做出任何的决定，都要取决于自己的价值观和人生需求，但这并不意味着我们可以按照自己的情绪随随便便地下决定。只有认真地做好每一个决定，我们才能真正活得无怨无悔。

情绪就像风一样地自由任性、捉摸不定，时间、地点、人物等各式各样的因素都会扰乱情绪的稳定。在不同的状态下所做的决定可能受到情绪的影响，往往是非理性的。这就要求我们必须利用逻辑的方法才能冷静地做好决定。

所谓的逻辑是我们做判断时所运用的一种工具，也就是做决定时的工具。不过，这些工具及方法运用起来需要花费很大的脑力。这种耗费精神的事情对我们而言，往往是种很大的折磨。

其实，大多数人并不是没有脑筋，而是懒得动脑。编者自己以前也是个懒得用脑的人，做任何事前疏于计划，做决定时更是干脆利落、不假思索地在一两秒之内就完成。

或许大部分的人跟以前的我一样，遇到生活中常出现的问题，只要是"是非题"，一律先答了再说，不怕错，只怕没做；如果是选择题，一律是"随便"。结果是生活弄得越来越乱，人生过得越来越糟。

后来，我领悟出一个道理：绝对不要靠情绪做任何决定。做决定前多一分钟的冷静思考，可以省掉事后几十个小时甚至是几十天的弥补工作。

一个用情绪来决定事情的人，往往看不清事情的真相。他们做事一般不通过大脑，完全以直觉反应。而情绪又因时、因地、因物而不同，那么处理事情便没有一个准则。如果能随时要求自己花点心思想一想再决定，那么对于事情的结果，我们也就比较能掌握，不会事到临头才干着急。

于是，我开始学习运用一些简单的逻辑来做判断，强迫自己在决定前先给自己至少一分钟的选择时间。有些时候，情况紧迫，必须立刻下决定，我也会给自己5～10秒钟的缓冲时间进行一个大方向的判断。采用这种方法后，我的人生因此有了新面貌，生活也比以前更有秩序。

如果你想让自己的人生丰富多彩，学会理性逻辑的思考判断，会有一个很大的帮助。做出好的决定是需要付出代价的，这些代价就是时间、脑力及方法，在这三方面投入的量越多，这个决定带来的效果当然越好。这绝对比事后付出巨大代价要合适得多。

因此，越是重要的决定则越是需要注重做决定前的逻辑判断才行。

朋友们！不要再让别人嘲笑我们没有逻辑、生活一团糟，重视生活中你做出的每一个决定吧！尤其是别让情绪来决定，多给自己一点时间深思熟虑，"船到桥头自然直"可以是一种人生态度，但绝不是做决定的好方法。

每个人心中都有一把尺

在做每一个决定前，判断者必然会有自己的价值观，而这个价值观是独一无二的，因每个人需求不同而定。我们在下各种判断时，总会先给自己一个"尺度"，以方便我们做比较和判定。

例如，一对情侣相约去西餐厅吃饭，女的向侍应生点了一盘生菜沙拉；男的则点了一盘牛排。

男的建议女的多吃肉才有精神及力气，女的则反对这种说法，因为她点生菜沙拉有她自己的需求和考虑。她考虑到自己不能吃热量太高的食物，否则身材容易肥胖；再者，生菜沙拉含有丰富的纤维质和水分，对皮肤很有帮助。这些考虑就是她判断食物好坏的尺度。而那位男士则考虑到需要高热量食物的生理需求，所以在他的尺度里，生菜沙拉是一个不好的决定，他否定了生菜沙拉的价值。

可见，我们在判断一个决定时，先要有一个合乎我们价值观的尺度存在。一旦这个尺度建立，我们就可以很明确地去判断自己选择的答案是好或不好、对或不对；而价值判断的实际过程就是将你心中的想法一一拿出来对比被选择的答案。例如，你会考虑自己胆固醇太高，中式餐点太油腻可能对健康不好；天气太热，中式餐点大多又辣又烫，会不会吃得满身大汗？附近有哪几家中式餐厅？距离会不会太远？……你会按照自身需要逐一去比较、判断。

当然，考虑因素的多寡却因人而异。有些人比较注重档次及气氛，所以拼了老命也要去高级一点的餐厅，至于距离、健康、时间成本、交通等因素就不会那么注意；有些人比较精打细算，一旦评估了所有的因素，可能就推翻了出去吃的决定，改成干脆在家"吃方便面"算了。

　　每个人的判断依据（尺度）不一样，很难说谁的决定必然是对的、十全十美的。个人品位及需求不同，人与人之间很难有一个共同的尺度。

　　有些人常在一些决定中拿不定主意，就是因为他们心中有好几把"尺"："想吃蛋糕又怕身体太胖，不吃蛋糕又不甘心"；"星期六下午想去看电影，又想和朋友去爬山，还想和男朋友去跳舞……"类似这些矛盾，相信在我们的生活中常常遇到。

　　不管每个人的"尺"有几把、每个人的价值标准差异有多大，在做判断思考时，方法和理论其实都大同小异，只是有些人反复在更换自己的"尺度"。但无论我们有多少选择，最后只能有一个决定。

　　因此，了解自己在做判断时的"尺度"，统一自己的"尺度"，这有助于我们更明快地下决定，不会在犹豫中浪费时间和伤透脑筋。

让选择符合自身效益

前面我们说过，人人心中都有一把"尺"，当我们在比较事物、权衡利害得失时，它就是判定一切的标准。

虽然我们心中的这把"尺"是根据自身的需求打造出来的，但它却有很多不合逻辑之处，甚至和现实背道而驰。所谓的现实逻辑就是现实世界中的各项事实及定律，比如说，酗酒和抽烟对身体不好；违法犯纪必须受法律的制裁；下雨时地上会湿；水往低处流；肚子饿了要吃饭……这些都是合乎逻辑的事实。

如果一个人只为了满足自我需求而做出一些不合现实逻辑的决定，像是杀人盗窃、饮酒过度、乱穿马路、抢银行等，这些行为必然无法为自己带来好处，反而会带来灾祸。

有时候，我们在做决定时，除了自己是阻碍自我效益原则的因素外，外在的客观因素也是一大阻碍。最常见的现象就是一个人下决定时所依据的竟然是"别人的"尺度。这种做法等于放弃自己选择人生的权利，在这种情况下所作出来的决定，不见得是符合自身效益的。

最常见的一个例子就是"和自己不喜欢的人结婚"。当事人在做决定时，可能以别人、父母亲友、社会或道德的尺度来作为判断依据，这种情况下所做的决定很难说是个好决定。因为只有你自己知道自己到底需要什么，只有你自己知道自己的效益点在哪里。完全以别人的考虑来决定，这根本就是个错误的决定方法。

还有一个常见的情形便是高考后的选填志愿。本来，要选填什么科系应该是由自己根据自己的兴趣和专长来选择，然而大部分的人却会受到社会价值观、父母的期望等因素影响而做出错误的选择。常常听到因为兴趣不合造成念书很辛苦的例子，适应力强的会继续念下去，也有人幸运地念出兴趣，但仍有不少人连文凭都混不到。

如果当初能够以自己的兴趣为依据进行选择，或许可以少走些冤枉路。与其花时间去适应那些没兴趣或不擅长的事物，还不如把精力放在自己喜欢的事情上，这样的收获必定会更多，心情也会更自在开朗。不过，令人遗憾的是，很多事可能要在自己做了选择之后才会发现！

或许有人会觉得，发生这种情况也是不得已的，做决定的人有太多的苦衷和无奈，或许这种决定才是完美的决定，能让大家喜欢。这种想法可说是大错特错，就像"世上没有不死的人"一样，世上也没有"完美的决定"。记住这一点，你永远无法同时满足众人的要求，只有符合自身效益的决定，才是正确的决定。

提防环境的干扰

当你看不清前面的路时，你所走的每一步都可能是致命的。

如果"好决定"是一个我们欲到达的目的地，那么环境的因素就是指引我们前进的地图。如果这张地图画的街道和方向跟实际地理环境相差太多，那么我们就很难顺利到达目的地。

造成环境误导的因素千奇百怪，不过大致上可分为两类：信息不足；错误信息。

1. 信息不足

老王是一个工作了十几年的上班族，生活经验单纯。有一天，他看中了一栋房子，想想自己租屋租了十几年，终于有能力自己买栋房子了。但老王对于买房子的程序和相关知识了解不多，因此，对于房屋销售员所说的一切，包括附近的房价行情以及将来有重大交通建设兴建使地价增值等信息，老王只能姑且听之。

虽然老王很想买这栋房子，但是房价超出了他的预算。一天，老王和太太商量，如果这栋房子的价钱真如销售员所说已是附近最低的，且两年后会有好几条公路及高速公路经过附近，那房价势必会涨。现在就算买贵了一点，到时可以转手赚差价，也是不错的主意。老王在心里盘算过后，觉得这的确应该是很合理的交易。

于是，老王隔天就订下那栋房子。谈到银行贷款时，房产销售员表示最好由房地产公司出面找银行，利率会比较低。老王一听有好处，也没有另外去求证，就和销售员签了约。

事后，老王遇见了一位老同学，盘算了这栋房子的价值，才知道自己买贵了近十万，连贷款利率也比别家高了一点。老王上网查了城市规划，又发现几年后根本没有公路经过附近，他这才知道被骗了。做决定前的信息不足使老王平白损失了近十万元钱。

2. 信息错误

林太太是一个很节俭的家庭主妇。有一天，她去市场买菜时，看到隔壁张太太和卖米的老板娘耳语，好奇心驱使她凑到张太太旁边探听。张太太勉为其难地告诉她，"听卖米的老板娘说，省粮食局及蔬菜供应中心最近要调涨米价及菜价。老板娘说，政府一调涨，他们这些米商、菜商一定会跟着涨，叫我们赶快多买一点，可以省很多钱。还有，不要跟太多的人说，否则就买不到了。"林太太一听，暗自庆幸自己真是幸运，得到这个情报，一定要妥善安排，还允诺改天要请张太太吃饭。

林太太和张太太两人于是买了不少食物及日常用品。在她们的生活经验里，只要米价和菜价一调动，所有的日常用品也都会跟着涨，所以现在买得越多，相对地就能省得越多。两个人连续采购了一个星期，然后在家静静等待市场调涨热潮的出现。

等了一个多月，市场上还是以正常的物价在运转。张太太不解地去问卖米的老板娘，老板娘说这些消息是她老公从一个公务员那边听来的，或许要再等一阵子吧！又过了一个多月，市场物价不涨反跌。具体原因大家也搞不清楚，或许是生产过剩吧！总之，林太太和张太太买了一大堆东西堆在家里，不但没有省到钱，反而大出血。

"人云亦云"是很可怕的信息来源。在接收信息的同时，我们最好能先求证一番，不要盲目跟进，否则将得不偿失。

在第一时间掌握选择时机

时间，在所有决定的要素中，有时是最重要的。

基本上，所有的决定都有时间上的限制，只是时间的长短不同罢了。我们在日常生活中遇到的问题，通常都需要在一定时间内做出决定。其中有一部分的决定，更需要在问题发生的当时马上做出，一分钟也不能耽误。因此，做决定时掌握"第一时间"是很重要的。

所谓的"第一时间"，并不见得是最快、最急的时间，而是"最适合当前的决定，能为当前的决定带来最大效益的决定时间"。

第一时间所考虑的最大效益主要有两个层面。

1. 决定品质的最大效益

有时，我们做出决定的时间越短，对我们就越有利。但是，如果我们只是为了讲求时效而忽略了这一决定的品质，即使时间再快，它仍然是一个错误的决定。因此，做出决定的第一时间，也就是我们准备做出最好决定的最短时间。

2. 决定时机的最大效益

决定的时间效益除了要迅速之外，也必须讲求时机。所谓"时机"是根据客观环境而定的决定时刻。有些决定可能在短时间里做出，也十之八九可以成功，并且会带来很大的效益；但有些决定却必须要在一定的时间点做出，才能算是成功。这时候，不管你是早点或是晚点做决定，都是不好的。

那么，第一时间该如何掌握？

不同的决定有不同的第一时间。如何掌握第一时间其实并没有一定的模式，必须要看这个决定的时间有多少，急不急？如果真的十万火急，不待思索就下决定也是情有可原的事；如果不是那么紧迫，你做出决定的最短时间点就是你的第一时间。不过，有很多人因为太过心急，常常为了争取时效，在考虑尚未周详时就贸然下决定。这是一个很大的毛病，但大部分的人却常犯下这个毛病。

《孙子兵法》说："多算胜，少算不胜，况无算乎？"它告诫人们如果时间许可，奉劝大家尽量多算（分析研判），绝不可"无算"就想成功。另外，如何掌握第一时间的最佳时机，就更要看决定的性质及当时客观环境的变数。读者朋友只要记住第一时间的时机原则——"能为决定带来最大效益的时间点"，做到随机应变、临场活用就可以了。

比方说，如果今天你开车去赴一个重要约会，不巧在路上车子抛锚了，眼看时间紧迫，这时你就要立刻、果断地做个决定：把车暂时停放在路边，赶紧打的士去赴约。你越快下决定，所得的效益就越大，因为这个重要约会对你的事业影响重要，所以你要以准时赴约这个目标作为决定的主要考虑因此。这个时候，最快的时间也就是第一时间了。

至于和决定时间的快慢没有关系的"最佳时机"，则可能在电影小说里出现得比较多。不过，在日常生活中也是存在的，像是买卖股票、投资房地产、期货买卖等。这些理财投资的决定，最大的关键和效益点都在于做决定的"时机"，而不是"时间"。

假如你看上了一套音响，外形和功能都很满意，就是价格太贵了点。这时销售员一再催你赶快买下来，并煞有介事地说如果等这批卖完，以后再想买就没有了。这时，你可以先把销售员的话当作耳边风，因为买音响没有时间上的限制（除非你不买会度日如年）。你最好多逛几家店去比较一下，或者多看看报纸杂志有没有相关的信息。最重要的是，你要注意最近有没有哪家电器连锁店有特价打折活动，如果有，店家开始特价折扣活动的那一天，就是你的"决定时机"了。至于这个决定时机是不是获益最大的"最佳时机"，那就要看你的时间考虑了。如果你可以等个两三年再买，那么你的"最佳时机"可能是两三年后；如果你设定近期内需要这套音响，那么你的"最佳时机"就是这次的决定了。

由此可知，有些决定又不能等，有些决定是急不得的。第一时间就是你做决定的时间依据，有了这一依据，你才不会白忙一场，弄得赔了夫人又折兵。

第三章
审时度势，预见未来

所谓审时度势，指的是有远见，能精确展望将来。大至一个社会，小至一个公司，其局势都在各方利益的博弈下前进，谁的力量占优势，形势的发展就会朝向哪个方向。

武侯祠中有一楹联曰："不审视即宽严皆误后来治蜀要深思"，强调的正是度势的重要性。认清形势、总揽全局，说到底就是要有一种审时的意识、度势的眼光、远见的高低。

成功从审时度势开始

楚汉相争时，刘邦与项羽原本商定平分天下，划沟而治——即"楚河汉界"。一直被项羽打压欺侮的刘邦好容易出了一口气，准备向西班师回朝，张良和陈平却阻止道："从前项羽强大，我们只有退让。如今汉国已经领有天下一多半国土，各诸侯都来归附我们，而楚军兵力疲弱，军粮也已用完。这正是老天赐给我们的消灭楚国的好机会，为什么要放弃呢?"

刘邦似乎还没有从屡被项羽欺凌的往事中走出来，为难地说：

"项羽不可轻视，我和他打了多年的仗，根本就没有必胜的把握。"

张良劝说道：

"项羽势强之时，没有果决之心，不懂取胜之道，我们才侥幸存活。今日强势易手，大王当顺从民心，统一天下。这不是逞强斗狠，而是大势所趋啊! 大王如果失去了这个机会，那么祸不可测了。"

于是刘邦发兵追击项羽，终将项羽消灭，建立了汉朝。

知己知彼，才能百战百胜。度势要看透的就是"己"和"彼"，只是"己"和"彼"常常笼罩在一团迷雾之中。这是度势所面临的两个难点。

不识庐山真面目，只缘身在此山中。当局者迷几乎是普通人的通病。顺风时，自尊膨胀，容易被胜利冲昏头脑；逆风时，自尊下降，又容易陷进悲观消极、怀疑自我的思维陷阱。所以，凡人常常不能客观地认识自己。

太阳每一天都是新的，外界的局势变幻莫测。而个人的经验终究是有限的，社会却是由变化不定的亿万大众与其他社会各种复杂因素构成，准确地把握形势与环境的变化是一项巨大的挑战。

如何突破这两个难点呢？

首先，当我们感到对自己把握不准的时候，有必要对自己进行一次冷静而全面的反省。

冷静，就是不带主观色彩，不带情绪，以一个旁观者的态度，好像帮助别人分析人生。可用第三人称"他"或"她"来分析，以提高客观性，"今天我要对这个人（他）好好进行一次分析。"

怎么分析呢？不妨从以下问题入手：

你从哪里来？你的起点在哪里？你的家庭出身与环境情况如何？你有哪些重要经历（怎么来）？这些重要经历给你带来什么收益（物质上的条件、精神人格、能力素质上的收益等）？带来什么弊端和损失（物质的、精神的、能力的等）？你现在站在一个什么位置？拥有哪些资源（金钱、物质、知识、能力、人际关系等）？你以前的人生大目标是什么（要到哪里去）？有没有阶段性目标和行动计划（怎么走）？

根据以上问题，认真地逐个进行反省分析。在反省分析中，自然会产生许多新的思想认识，对自己就会有一个较客观、全面的了解和认识。明"己"之势的目的，是看清自己的优势和劣势，清楚理想与目标之间需要哪些资源来支持。对于阻碍自己腾飞的"短板"，要想方设法加长。

说实在的，认识自己很难，我们应该注意到，人难免凭经验和感情用事，评价自己时常常偏离客观事实。如有可能，应该寻求有经验的成功人士，有关专家等进行咨询，寻求他们的帮助，打开思路，校正自己的判断，避免"当局者迷"的失误。

知道了自己的"势"，还应该洞悉外界的时势。总的来说，要洞悉时势需要做到四"多"：多看、多听、多学、多思。"多看"旨在获得更全面的资讯，"多听"旨在多借鉴专业人士的意见，"多学"旨在提高自己的学识与修养、拓展自己的视野，"多思"旨在锻炼自己思维的分析判断能力。我看到了，我听到了，我学到了，我想到了。

北宋薛居正在其著作《势胜学》中云："不知势，无以为人也。"意思是：不知道事物发展的趋势，就无法做人了。人生于天地之间，如果缺乏对万事万物的了解和判断，那么就难以图存。趋利避害要度势在先，否则便是一句空话。事物表现出来的趋势是需要人们仔细观察和深入思考的。在此容不得主观臆想和妄下结论，只有用心体察和反复验证，才能做到度势无误，进而为自己的人生铺设一条坦途。成功总是从审时度势开始的。

不知势，无以为人也。势易而不知晓，肯定会遭遇败局。

看清大势，顺势而为

历史的车轮滚滚向前，社会的趋势也是日益自由开放，技术的更新日新月异。这些都是"大势"。一个人要想成事，先要看清大势，一切有违大势的行为，不管你如何强硬，终会被大势轻而易举地碾碎。这是个人认识的渺小之所在。

所以，在袁世凯称帝的那一刻起，便注定他所谓的"帝业"是短命的。我们可以想象：如果袁世凯不是在内外交患中一命呜呼地跌下龙椅，也必然会很快地在内外交患的斗争中被赶下龙椅。一切独裁者，终归不会有好的下场；一切有违天下大势的行为，结局无一不是以悲惨闭幕。

隋唐时期，魏公李密被王世充击败后，投奔了唐高祖李渊。他对部下说："我曾带兵百万而归唐，主上肯定会给我安排要职的。"可是，李密归唐后，李渊只是任命他为光禄卿、上柱国，封他为邢国公，都是些虚职，与他的期望相去甚远，使他大失所望。朝中很多大臣对李密表示轻视，一些掌权的人还向他索贿，也使他内心烦躁不满。自视甚高的李密怎么能忍受这种境遇呢，他的理想是当王，可是在人手底下，这怎么可能呢？

李密的忠实部下王伯当和李密谈及归唐后的感觉时，也颇有同感。他对李密说："天下之事仍在魏公的掌握之中。东海公在黎阳，襄阳公在罗口，而河南兵马屈指可数。魏公不可以长久待在这里。"王伯当的话正中李密之意，李密便想出了一个离开长安的计策。

这天，李密向李渊献策说："山东的兵马都是臣的旧部，请让臣去招抚他们，以讨伐东都的王世充。"李渊立即批准了李密的请求。

许多大臣劝李渊说："李密这人狡猾而好反复，陛下派他去山东，犹如放虎归山一样，他肯定会割据一方，不会回来了。"李渊笑着回答道："李密即使叛离，也不值得我们可惜。他和王世充水火不容，他们两方争斗，我们正好可以坐收其利。"李密请求让过去的宠臣贾闰甫和他同行，李渊不仅一口答应，还任命王伯当作李密的副手。

临行时，李渊设宴送行，他和李密等人传喝一杯酒，李渊说："我们同饮这杯酒，表明我们同一条心。有人不让你们去山东，朕真心待你们，相信你们不会辜负朕的一番心意。"

公元 618 年 12 月，李渊让李密带领手下的一半人马出关，长史张宝德也在出征人员的名单中。他察觉到了李密的反意，怕李密逃亡会连累自己，便秘密上书李渊，说李密一定会反叛。李渊收到张宝德的奏章，才改变了自己的想法，后悔让李密出关。但他又怕惊动李密，便马上派使者传他的命令，让李密的部下慢慢行进，李密单骑回朝受命。

李密对手下的贾闰甫说："主上曾说有人不让我去山东，看来这话起了作用。我如果回去，肯定被杀，与其被杀掉，不如进攻桃林县，夺取那里的粮草和兵马，再向北渡过黄河。如果我们能够到达黎阳，和徐世勣会合，大事肯定成功。"

贾闰甫说："主上待明公甚厚，明公既然已经归顺大唐，为什么又生异心呢？退一步说，即便我们攻下了桃林，又能成什么气候呢？依我看，明公应该返回长安，表明本来就毫无异心，流言自然就不起作用了。如果还想去山东的话，不妨从长计议，再找机会。"

李密听了贾闰甫的话觉得不顺耳，生气地说："朝廷不给我割地封王，我难以忍受。主上据关中，山东就是我的。上天所赐，怎能不取，反而拱手让人？贾公您一直是我的心腹，现在怎么不和我一条心了呢？"

贾闰甫流着眼泪回答道："明公杀了司徒翟让，山东人都认为明公忘恩负义，谁还愿意把军队交给明公呢？我若非蒙受明公的厚恩，怎么肯如此直言不讳呢？只要明公安然无恙，我死而无憾！"李密听了怒气冲天，举刀就砍向贾闰甫。王伯当等人苦苦劝谏，李密才住了手。贾闰甫侥幸不死，就逃到熊州去了。

王伯当这时也觉得大势已去，劝李密作罢，李密仍然不听。王伯当于是说："义士的志向是不会因为存亡而改变的，明公一定要起兵反唐，我将和明公同生共死，不过恐怕只能是徒劳无益而已。"

于是，李密杀了朝廷的使者，第二天清晨，夺取了桃林县城。李渊知道后，派军队进击李密。在熊耳山，李密遭到伏击，他和王伯当都在混战中被杀死。

李密终究是个野心家，他本来是跟随杨玄感反隋的，后来兵败才投奔了翟让的瓦岗军。为了取得瓦岗军的领导权，他又设计杀了翟让，大权独揽，拥兵百万。与洛阳的王世充作战失利后，李密带了两万多人归顺李渊，他的手下都甘当人臣，安心地为唐朝做事。可他却不甘心，因为他自视甚高，觉得自己有王者气势。而且，他相信图谶，认为李家坐天下的说法指的是他，而不是李渊。其实他归顺唐朝以后，就应该摆正自己的位置，适应角色的转变，可是，他的权力欲太强，才使他做出了错误的判断，不合时宜地企图"另立中央"，终于招致杀身之祸。

不占天时，不占地利，不占人和，可谓大势已去。大势已去却偏要逆势而行，又怎么能成事呢？

大势已去，就不要轻举妄动。野心和志向终究不是一回事！

滚滚长江东逝水，浪淘千古风流人物。

慧眼如炬，把握时势

　　每一波潮汐，都是大自然有形的呼吸。在潮起潮落之间，或许就孕育了一场生命的大躁动，完成一次历史的大跨越。人们常说："时势造英雄"，晚清巨贾胡雪岩则说："做生意，把握时势大局是头等大事。"没有相应的社会环境气候，就没有英雄成长的土壤和其他条件，真正的英雄必须学会驾驭时局，胡雪岩就是这样善于驾驭时势大局的顶尖人物。而要善于驾驭时势大局，前提是对局势的敏锐察觉。

　　13 年前，当 30 岁的贝佐斯上网浏览时，发现了这么一个数字，互联网就已经把一个大好机会拱手交给了贝佐斯。这个神奇的数字就是：互联网使用人数每年以 2300% 的速度在增长。就在这一刻，贝佐斯明白了自己的使命，开发网上资源，创立自己的网上王国——亚马逊公司。他离开了华尔街收入丰厚的工作，决定自己打拼。13 年后的今天，贝佐斯的亚马逊网上书店市值高达数百亿美元。贝佐斯的成功，无非是看准了互联网使用人数急剧攀升的"势"，在这个势头下，他自然能顺风顺水地赚钱。

　　有一天走在街上，你会突然发现在人群中开始流行某种你认为款式陈旧的衣服；或者走进酒吧，听到某句你听不明白的口头语；或者在公司里发觉人人都在玩某种你不懂的玩意儿。以上情况，似乎都像是"突然间"流行起来，而且有蔓延的趋势，一刹那人人都为之着迷，争相仿效。其实这只是社会趋势的一个模式，开始时，具有隐而不显的特质，一般人不易察觉，但触觉敏锐的人则能从中窥见其端倪。有些社会趋势，甚至会影响某些行业的盛衰。

例如，许多年前流行过的呼啦圈，"非典"过后在全国各地又异常火爆地流行起来。在"非典"令许多商家欲哭无泪、束手无策的时候，有眼光的商家却在盘算利用"非典"光明正大的发财。他们掌握了"非典"过后必然的健身热，将呼啦圈这一大众化的健身器材再次推出，结果造成的流行热度居高不下，令商家大赚一把。

美国企业家协会主席说过一句话："成功企业家的共同特点，首先在于他们都有正确的判断力。"这个"正确的判断力"，可能就是人们通常说的"眼光"吧。这里面包括战略眼光、政治眼光、科学眼光、商业眼光、艺术眼光……总之，古今中外的一切事都可以同"眼光"联系起来。我们赞美一个人，通常说他"高瞻远瞩"；批评一个人，则说他"鼠目寸光"，这都是在用"眼光"作为评判人物的最高标准。

不明朗的形势，不要主观臆断。非常明显的形势，不可以刻意违拗。

见微知著，学会辨势

"辨势"与"预势"是一对孪生兄弟，难以分割。"辨势"立足于当下已知，"预势"则着眼于将来未知。而将来的未知又和当下的已知联系紧密。只知"辨势"而不知"预势"的人，成不了大事——即使一时成事也容易在后来的日子里栽跟头。

楚国才子宋玉在《风赋》中云："夫风生于地，起于青□之末……"后人遂有"风起于青□之末"这一成语，意为见微知著、一叶落而知秋。

1929 年 10 月，美国纽约股票交易所突然被股票抛售狂潮吞没，股价暴跌，一天之内有 1300 万股票转手。这场空前严重的经济崩溃的前 10 年，曾是美国经济极其繁荣的时代。当时，人民生活有所改善，但工资的提升，按比例远远赶不上工商业利润的增长，人们的消费能力下降，不断增多的商品大量积压。随着时间的推移，生产和销售的矛盾冲突终于如蓄积已久的火山一般爆发了。

全球性经济危机从美国开始，迅速席卷了整个资本主义世界。这次经济危机的破坏性极强，整个资本主义世界的工业生产减少了 1/3 以上，国际贸易缩减了 2/3。危机延续的时间也很久，从 1929 年一直拖到 1933 年。

这场世界性的经济危机很快波及了日本。日本由于国土资源匮乏，国内市场狭窄，特别依赖出口，故所受打击尤其沉重。1929～1931 年，日本的工业总产值减少了 32．5%，农业生产总值减少了 40%，贸易出口额下降了一半多，大批企业倒闭、破产，侥幸支撑的工厂企业只能减少工资、解雇工人。松下电器也受到了经济萧条的打击，产品销路急剧下降，企业开始进入困境。

在经济萧条的大环境下，松下幸之助一面苦苦支撑，一面密切地关注着形势的发展。对他来说，经济萧条既是一场危机，也是一个机会——他认为只要熬过这场危机，并且先人一步地抓住经济复苏的机会，就会令松下电器脱颖而出。

1932 年 5 月 15 日，犬养毅首相被暗杀，日本社会政治向右急转。事件发生以后组成的齐藤内阁，在议会中提出"统制通货膨胀"的政策及向民间低利贷款等一系列经济建设计划。当时，美国已从长期的经济萧条中走出，在整个国际大环境的影响下，日本的经济也开始复苏。松下幸之助看准并抓住了这个机会，指示所有工厂尽量全速开工生产。同时他也感觉到：松下电器的设备和场地已达到极限，松下电器必须增加设备、场地和招募新的员工，否则难以继续发展。当时大阪市内大街已再无潜力可挖，松下把眼光转向了郊区，决心在大阪市郊的门真街购进 16500 平方米的土地建设总厂，同时将公司的总管理处迁至新址。他迅速下达指示，让公司企划部门做出规划和预算。营建工程仍由营建二厂、三厂的中川营造厂设计施工。松下幸之助以独到的眼光捕捉到经济复苏的势头，并迅速扩大了厂房、加大了生产，从而抓住了经济复苏的机会，为自己的企业插上了腾飞的翅膀。

社会局势的变化，往往蕴藏着巨大的商机。一个机遇如巨浪般翻滚而来，有人乘浪头扶摇直上，有人仍停留在波浪的谷底。随着机遇的翻滚，人与人之间财富的多寡、身份的高低，不断在发生变化。局势每来一次，社会的面貌就改写一次。

要具有洞察未来的眼光

　　无论是做生意还是打工，在社会经济大势以及全球经济大势面前，都不能独善其身。经济繁荣时，大小生意也一片繁荣，社会失业率低，工薪也相对高些。在这种形势下，只要经营上不出什么大差错，基本上是开门进财。相反，经济形势不妙，各国的经济都在倒退。这时，大多数行业都必定会面对顾客不足的局面。消费力弱的压力使各类生意纷纷收缩，使各企业很多都倒闭收场。

　　做生意一定要懂得预测经济大势，就算只是开一家小公司，或是开一家小店，做一些小生意，经济大趋势都举足轻重，对生意有极为重大的影响。任何生意人都应该留意经济大势，否则一定会做出错误的生意决定。很多在经济变化剧烈时创业的人，就是看不到这个经济大势，以致该进不进，应退不退，有钱赚不到，错过机会，有危机也守不住，损失惨重。

　　例如，经济坠落于谷底时，消费力疲弱，楼市淡静，股市人人持观望态度。这时候，商人就要留意经济会在什么时候有起色，会在可见的未来，还是在不可见的长远以后。若是开了一家店铺，上述的资料肯定会帮助你做出正确的决定，到底是值得守下去，还是索性结束，等到经济好转时再来一次？

　　你开了店，只要打开门，无论有没有生意上门，店铺租金和人工都要支付，灯油火蜡也要支付，如果在可预见的未来都不景气，守下去只有一路蚀本，像个无底深潭；那么，是否要暂时结束，或是减缩经营的规模，就要做出果断的决定。否则一路拖下去，可能把每一笔资金都耗蚀掉。在 20 世纪末东南亚金融风暴爆发以后的一年内，香港有很多企业便相继关门，像很多酒楼食肆，在金融风暴打击下，短短一段时期内就有很多家关门大吉。原来已经勉强经营的，现在也趁机调整了。很多小商店亦是一样，尤其是一些做游客生意的，或是专做外地来港的游客生意的公司，都对金融风暴非常敏感。在很短的时间内，这些店铺突然水静河飞，以前一日几十个客人，一夜之间，突然门可罗雀，连苍蝇飞行的声音都听得见，生意立即下跌90%以上，立竿见影。

如果你开了一家店铺，会不会继续撑下去？唯一支持你撑下去的理由，只有是你预见经济会很快再起，现在只不过是暂时现象。到时候，那些欠远见的都结束了，你就可以突然抢得有利滩头，赚取很高的利润。

但如果你预计的经济大势有误，你就要付出惨痛的代价。任何商人都要对自己的预期付出代价，或是相反收到很好的回报。

无论如何，你都应该具备一些预测经济大势的能力，判断得正确，对于生意的进退有很重要的意义。如果不是懂得很多，也要虚心一点，看看各大媒体经济专家们的分析。虽然他们的分析有时会错，但无论如何，总算有些参考的材料，不至于盲目跟风或靠估计生存。

具有洞察未来的眼光是众多有钱人的一个显著共性。

有一句宣传语是这样说的："快人一步，理想达到。"在商场上，能够洞悉先机，先人一步捕捉到市场，开发出新的市场、新的产品，提供市场上从来没有人提供过的服务，或是在市场已经有这种服务，但行内的企业只是一盘散沙未成气候之时，以企业化的形式去经营，使市场人士耳目一新，都算是快人一步的做法。这样的眼光不是每个人都能拥有的，但却更容易达到目标。

做每一件事情都要洞察先机，都要比别人早一步，都要比别人更迅速地掌握未来的动态、未来的资讯、未来的走向，这就是超级成功者所拥有的观念，就是我们应该具有的思考模式，也是那些成功者的秘诀。从对大多数成功人士的研究分析中我们可以看到，成功首先来自对未来的科学预见和高瞻远瞩。

　　被人誉为"世界首富"的美国微软公司总裁比尔·盖茨，经过短短几年的努力，早在1998年美国《财富》杂志世界10大富豪排行榜中，以千亿美元的资产荣任首富，引起了世人的注目。他的成功之道除了电脑时代所赋予的机遇外，更主要的还是他的高瞻远瞩和远见卓识，善于洞察先机。

　　美国钢铁大王安德鲁·卡耐基"事先"就知道，铁路时代必定要到来；日本"经营之神"松下幸之助"事先"就预测到，电气化时代必然来临……

　　美国通用电气公司的董事长威尔逊曾这样说过："我整天没有做几件事，但有一件做不完的工作，那就是计划未来。"美国建筑业巨子比达·吉威特十分注意掌握信息，善于预测市场。1930年，在建筑业不景气的情况下，他预测公共投资将旺盛；1940年，他预测到防卫工程特别是空军基地的建设要扩大；1950年，他预见到高速公路及导弹基地的建设高潮将到来；1960年，他又预见到都市交通网的大发展。正是由于他的先见之明，事先准备充分，保证了其在承接建筑项目时投资成功。

解读预示未来的密码

世上常发生这样的事，我们也常在一些影视报刊中看到这样的案例：有的人正在干着很辉煌的事业，仿佛一切顺风顺水，如日中天，不料却一场变故突如其来，事业大厦顷刻轰然坍塌，一切化为乌有。个人也从万众瞩目沦为不名一文，甚至成为乞丐或阶下囚。这在当今的社会中几乎是司空见惯。

一叶落而知秋，一切事情的或好或坏的结果，都有其预兆，只不过容易被大家忽略了。比如说地震，我们知道在它发生前就会出现地光、地声等，一些动物也会表现异常，如鸡在半夜时分突然鸣叫，狗无缘由地突然狂吠不止……虽说人生无常，但许多结局，我们还是可以从平日的所作所为，或其所交往的人员，或所处的环境中看出一些蛛丝马迹，解读出能预示吉凶祸福的一些密码来。

1. 行为分析

人是有理性的动物，人的行为大多是有目的有计划的。从一定意义上说，一个人的行为多是他的心理活动的结果。而人的心理藏于内心深处，如果本人不愿意流露，外人很难把握。但心理总是要通过一定的迹象外现出来，"寓于内必形之于外"，而人的外在行为就是心理迹象的表现形式。因此，从现象发现本质，从行为观察心理，早已成为人们识人知事的一条重要途径。

宋朝人陈瓘在一次朝会上，偶然发现了蔡京用眼睛直盯着太阳，很久很久眼睛都不眨一下。于是，他逢人便说："以蔡京这种神态，以后肯定能够升为显贵。但他目空一切，居然敢和太阳为敌，恐怕得意之后，要独断专横，肆意妄为，心中没有君王。"后来，他做了谏官，就不断地攻击蔡京。可因为蔡京的面目还没有暴露，人们都说陈瓘有些过分。但后来的事实证明，蔡京真的表现出像陈瓘所说的那样奸诈时，大家才想起陈瓘的话。

三国的时候，东吴武陵郡将樊佃诱使附近的外族作乱，州都督请求发兵万人征伐他们。孙权召问潘浚，潘浚说："容易对付，5000人足够了！"孙权问："你为什么这样轻视他？"潘浚答道："樊佃善于夸夸其谈，实际上并无真才实学。过去他曾经为州里人整治酒饭，等到下午，酒饭还没上桌，他竟十几次站起身来观望，这个小事足可以证明他不过是个饭桶。"孙权大笑起来，随即派遣潘浚率兵出征。潘浚果然只用5000人便斩了樊佃。

2. 察言观色

人的喜怒哀乐难免形诸色，尽管有人城府很深，掩藏不露，但总不能没有蛛丝马迹，察言观色就成为了解人和事物的一个通用方法。

齐桓公早朝时和管仲商量要攻打卫国，退朝回宫后，一名从卫国献来的妃子看见了他，就走过来拜了拜，问齐桓公，卫国有什么过失。齐桓公很惊奇，问她为什么问这件事。那妃子说："我看见大王进来，腿抬得高高的，步子迈得大大的，脸上有一种骄横的神气，这显然是要攻打某个国家的迹象。并且大王看到我时，脸色全变了，这分明是要攻打卫国。"

第二天，齐桓公早朝时朝管仲一揖，召他进来。管仲说："大王不想攻打卫国了吗？"齐桓公惊讶地问："你怎么知道的？"管仲笑着说："大王上朝时作了一揖，并且很谦恭，说话的声调很缓和，见到我也面有愧色。我由此判断您改变了主意。"

难道你自己就没有通过察言观色而获知他人内心的经历吗？不妨找出来总结一下。

3. 言论判断

从一定意义上说，语言只是一种现象，人的欲望、需求、目的则是本质，现象反映本质，本质总要通过现象表现出来。语言作为人们欲望、需求和目的的表现，有的是直接明显的，有的是间接隐晦的，甚至是完全相反的。对于那些直接表达内心动向的语言来说，每个人都能理解，而那些含蓄隐晦甚至以完全相反的方式表现心理动向的语言，就不是每个人都能理解的。高人与凡人的差别，也就在这里。这才是创造性思维的用武之地。若能够举一反三、触类旁通，反过来想想，倒过去看看，最后通过他人的言谈话语，发现他人内心的深层动机，那就说明你比别人强得多。

明朝洪武元年，浙江嘉定安亭有一个叫万二的人，他在安亭一带堪称首富。一次，有人从京城办事归来，万二问他在京城的见闻。这人说："皇上最近作了一首诗，诗是这样的：'百僚未起朕先起，百僚已睡朕未睡。不如江南富足翁，日高丈五犹盖被。'"万二一听，叹口气说："唉，迹象已经有了！"他马上将家产托付给仆人掌管，自己买了一艘船，载着妻儿和家中细软，向江湖泛游而去。

两年不到，江南大族富户都被朝廷以各种名目没收了财产，门庭破落，只有万二幸免。

4. 究之情理

所谓究之情理，就是考察事物和行为是否合乎规律。人世间事物的存在和运行都是有规律的，当你发现一个事件或行为是不合乎规律的、是反常的，其中肯定另有原因，如果找到了这个原因，便发现了事物的本来面目。

春秋时期，齐国攻打宋国，宋王派臧孙子求救于楚国。楚王很高兴，答应得也很爽快。然而，臧孙子却满怀忧虑地回去了。他的车夫问："你求救成功了，怎么还面带忧色？"臧孙子说："宋是小国，齐是大国，为救一个小国而得罪一个大国，这是人们所不愿意的。然而，楚国却很高兴地答应了，这不合情理。他们不过想以此坚定我们的信心，让我们拼死抵抗齐国而已，以此削弱齐国，这样就对楚国有好处了。"

果然，臧孙子回国后，齐国接连攻占了宋国的 5 座城池，而楚国允诺的援军连个影子都没有见到。

5. 由近察远

事物的运行和发展，其实都有其一定的秩序和规律性，无缘无故、杂乱无章的事物应该说是不存在的。如果我们善于发现、收集并分析整理事物的现象，就能见人所未见，知人所未知，对事物的发展趋势和结局就会有一个清晰的把握，即高瞻远瞩、预知未来。

战国时期齐国握有实权的田常，通过武装政变，拥立了顺从自己意愿的君主，他自己做了相国。在事变之前，曾发生过这样一件事：

一天，齐国的重臣隰斯弥到田常家拜访，田常和他一起登上高台，向四周眺望。东、西、北三面什么障碍物也没有，视野十分开阔，只有南面，因为隰斯弥家前的大树挡着而望不远，田常对此什么也没说。

隰斯弥回到家后，马上叫家奴们把大树砍掉。但还没砍几下，隰斯弥又突然改变了主意，急令停止砍树。家奴们都惊讶地问他原因。他答道："古人说：'知道深渊处藏着乌龟是十分危险的。'你们还记得这句话吗？我感觉到现在田常好像在谋划什么大事，如果我们砍了大树，他就会认为我是个很细心的人，可能察觉到他心中的计划，这是很危险的。不伐树，不会被怪罪，但若是知道了别人心底的秘密，其罪过可就大了！所以我才让你们住手的。"

这是由近察远的典型例证，给人以深刻的启迪。

伟人和凡人、眼光长远与短视的人，差别只在咫尺之间。即便是在那些很微小的地方，有的人发现了重要的甚至是石破天惊的事件，有的人却视而不见。因此，我们活在世上，绝不可忽略小事，往往就在对眼前的一件小事上，就在对一个人举手投足的认识上，一失足成千古恨！对此，不可不慎啊！

　　绝大多数事情的起伏，其实都有预兆，只不过当事人没有敏锐感知罢了。

规避风险需善"变"

事情总是处于变化当中，虽然大多数变化都有迹可循，但由于客观原因，并非所有的迹象都能捕捉到，而且也并非所有的趋势都有预兆。所以，所谓的"势"其实也是处于一种动态的变化当中，这就造成辨势与预势有可能存在一定偏差。

有些人总是以自我为中心，坚信自己预见的都是准确的，倔强地按自己的预测一条道走下去，结果却一头撞到了墙上。

而成功者不仅善于预测事物的发展方向，而且更善于根据事物的发展变化趋势，及时修正已有的预见。

1929 年，在世界范围内爆发了一场经济危机，海上运输业也在劫难逃。当时，加拿大国铁公司拍卖产业，其中 6 艘货船 10 年前的价值是 200 万美元，而现在仅以每艘 2 万元的价格拍卖。希腊船王奥纳西斯本来决定把资金投入到矿业开发上，因为他和他的同事相信工业革命后对矿原料的需求将会剧增。但获此信息后，奥纳西斯像鹰发现猎物一样，立即赶往加拿大洽谈这笔生意。他的这一反常态举动，令同行们瞠目结舌，大家都觉得不可思议，以为他发疯了。

在海上运输业空前萧条的情况下，奥纳西斯却预见到了海运业将艰难复苏，而矿业开发会随着工业革命对矿原料的需求，呈现剧增势头，这时他要按预见投资于矿业开发。

然而事物总是发展变化的，原有的预见也会与变化的情况相背离，海上运输的新形势就说明了这一点。面对萧条，货轮价格下跌到惨不忍睹的程度，海上运输业也已沉入谷底。但凡事物极必反，这也是投资中千载难逢的机遇。奥纳西斯看到了这一点，足见其超人的智慧。这正是改变预见带来的成功。

果然不出所料，经济危机过后，海运业的迅速回升和振兴居各行业前列。奥纳西斯从加拿大买下的那些船只，一夜之间身价大增，他的资产也成百倍地激增，使他一举成为海上霸主。

有时候，我们这些凡人的预见是滞后的，我们可能只看到了事物的某一面，而未看到另一面。所以，这就要求我们在进行全面调查分析的同时，及时更改预见，使之更符合客观实际。对自己的思考重新再思考，也是一个不错的提升自我成功概率的方法。

变与算的关系是什么？《孙子兵法》中有一句话极其深刻，即"多算胜，少算不胜"。它告诉人们这样一个道理：做任何事之前，必须先在脑海中"盘算"好才能出手。切记，不要盲目冲动，未经谋算就稀里糊涂动手难免会失败。算与不算，大不相同。算则能巧取妙胜，不算则任意而去，哪管西东。特别值得注意的是：在以弱抗强时，只有认真算计，才能打过巧妙的对手。此为精明善变之计，即神算之计。再者，还要注意"多算"与"少算"的关系——越是反复思考，越是周密推算，越能赢得胜利；反之，就可能大打折扣，甚至招致惨败。因此，我们必须明白，一个"算"字的重要性，即不算不胜，多算必胜。善"变"的最高境界是神算。

不算不胜，善算必胜。人人都想有神算之善变术，以便取得胜局，但有人能为之，有人不能为之。神算之变常令人叫绝。三国风云，变幻万千，其中搅乱风云者，无非是军师、谋士。众所周知，诸葛亮便是一名"神算子"，他智谋过人，胆量过人。人人皆知的"草船借箭"就是诸葛亮的得意之作，也是《孙子兵法》算计高招的巧妙运用。

不固守一种看法，保持判断的灵活性，是规避风险的一种方法。

跟张居正学《谋势学》

　　幸运的是，北宋初期的名臣薛居正对"势"有很深的研究和心得，他把看似玄奥难解的"势"作了通俗实用的论述与解析，其抽丝剥茧的功力和化繁为简的智慧，令今人也为之赞叹。

　　薛官至宰相，在宰相位上坐了18年，一直是皇上非常相信的人。薛居正曾写《势胜学》，告诉有权者如何行权、无权者如何取势、富贵者如何守业、贫贱者如何进取。尽管因为社会格局的不同，他的一些见解未必现在仍然适用，但以"势"的角度作解却是独到的，其价值自然是有实际意义的，对今人的启发也是不可替代的。

　　成大事者不能只依靠自己的才智和能力，更重要的还是要强化自己的思维能力，放眼全局，掌控大局，如此才不会出现大的失误。细节决定成败，大势决定生死，正如《势胜学》中所言："不知势，无以为人也。"

　　我们普通人的生活更易受到"势"的影响和左右，倘若处置不当，只会更加艰难。良好的生存环境需要去开辟，有效的生存技巧需要去挖掘，而做好这一切的首要前提，便是《势胜学》所倡导的"未明之势，不可臆也。彰显之势，不可逆耳"。

　　《势胜学》一书给予强者的是如虎添翼，给予弱者的是雪中送炭，它不仅是制胜的理念，更是如何制胜的行动指南。这实在是给人一个大视野，前所未有，人们可以借此审视社会与人生，更容易看清真相和感知真谛，从而走出误区，不断取得事业上的成功。

　　下面，我们摘录薛居正之《势胜学》全文，同时用白话翻译，以帮助读者多角度、全方位更深入地理解"势"的作用以及"谋势"的重要。

　　势胜学

——薛居正

不知势，无以为人也。势易而未觉，必败焉。

察其智，莫如观其势。信其言，莫如审其心。人无识，难明也。君子之势，滞而不坠。小人之势，强而必衰。心不生恶，道未绝也。

未明之势，不可臆也。彰显之势，不可逆耳。

无势不尊，无智非达。迫人匪力，悦人必曲。

受于天，人难及也。求于贤，人难谤也。修于身，人难惑也。

奉上不以势。驱众莫以慈。正心勿以恕。

亲不言疏，忍焉。疏不言亲，慎焉。

贵贱之别，势也。用势者贵，用奸者贱。

势不凌民，民畏其廉。势不慢士，士畏其诚。势不背友，友畏其情。

下不敬上，上必失焉。上不疑下，下必逊焉。不为势，在势也。

无形无失，势之极也。无德无名，人之初也。

缺者，人难改也。智者，人难弃也。命者，人难背也。

借于强，谀不可厌。借于弱，予不可吝。人足自足焉。

君子怜弱，不减其德。小人倚强，不增其威。时易情不可改，境换心不可恣矣。

天生势，势生杰。人成事，事成名。

奸不主势，讨其罪也。懦不成势，攻其弱也。恶不长势，避其锋也。

善者不怨势劣，尽心也。不善者无善行，惜力也。察人而明势焉。

不执一端，堪避其险也。不计仇怨，堪谋其事也。

势者，利也。人者，俗也。

世不公，人乃附。上多伪，下乃媚。义不张，情乃贱。

卑者侍尊，莫与其机。怨者行险，仁人远避。不附一人，其祸少焉。

君子自强，惟患不立也。小人自贱，惟患无依也。

无心则无得也。无谋则无成也。

困多生恨，其情乃振。厄多生智，其性乃和。无困无厄，后必困厄也。

贱者无助，必倚贵也。士者无逊，必随俗也。勇者无惧，必抑情也。

守礼莫求势。礼束人也。喜躁勿求功，躁乱心矣。

德有失而后势无存也。心有易而后行无善也。

善人善功，恶人恶绩。善念善存，恶念恶运。以恶敌善，亡焉。

人贱不可轻也。特贵不可重也。神远不可疏也。

势有终，早备也。人有难，不溃也。

作者简介

薛居正，北宋初期名臣。他行为纯正，生活俭朴，做宰相时简易宽容，不喜欢苛刻地考察，士大夫因此称道他。他从参政到做宰相，共18年，始终没有失掉皇上的恩遇。

考察一个人的智慧，不如观察他的发展趋势；相信一个人的言辞，不如审视他的内心。人若没有见识，就不会保持明智。君子的发展趋向，虽有滞碍但不会沉沦；小人的发展趋向，即使强大终究必会衰败。心里不生恶念，前途就会充满希望。

没有声势就谈不上尊贵，没有智慧就谈不上通达事理。逼迫人不能靠蛮力，取悦人一定要委婉表达。

受命于天，他人就难以和自己相比了。向贤人求助，他人就难以毁谤了。加强自身的修养，就难以被他人迷惑了。

侍奉上司不要凭借自己的势力。驱使众人不要一味仁慈。若使内心纯洁，就不要采取宽恕自己的态度。

对亲人不可说疏远的话，要保持忍让。对不亲近的人不可说心里话，要特别谨慎小心。

富贵与贫贱的区别，在于是否拥有权势和地位。使用权力的人尊贵，使用奸计的人卑贱。

有了权势不能欺凌百姓，百姓敬畏的是公正廉洁。有了权势不能怠慢读书人，读书人敬畏的是真诚无欺。有了权势不能背弃朋友，朋友敬畏的是情感如一。

下属不敬重上司，上司一定是有所缺失的。上司不猜疑下属，下属一定要保持恭顺。不轻易使用权势，这才是真正的权势。

没有外在的形式，没有失策疏漏，这是权势达到顶峰的标志。没有仁德之念，没有名望之求，这是人的原始心态。

天生的缺陷，仅靠自身的努力难以改变。人生的智慧，任何人都难以舍弃。自然的天命，个人的力量难以违背。

向强者借势，虽奉承却不可厌烦。向弱者借势，虽给予却不可吝啬。使他人满足，自己才会如愿。

君子同情弱者，不会减损他的品德。小人欺凌弱者，并不会增加他的威风。岁月变化，真情不可以改变。环境变了，意念心思却不可放纵。

上天造就时势，时势造就豪杰。人成就事业，事业成就人的名望。

奸诈不能主导形势，要讨伐他的罪过。怯懦成就不了大势，要攻击他的弱处。凶恶不会增长势力，要躲避他的锋芒。

善良的人不会抱怨形势恶劣，他们只会费尽心思去努力。不善良的人不去做善事，他们只吝惜自己的力气。观察人的作为就可知晓结果如何了。

不固守一种看法，才可以规避风险；不计较仇怨，才可以谋划大事。

权势，能给人带来利益。人们，多是喜欢世俗的。

世道不公平，人们才会依附他人。上司多是虚伪的，下属才会献媚。正义得不到伸张，情谊才会遭人轻视。

　　地位低的人侍奉地位高的人，不要参与其机密之事。心怀怨恨的人做凶险的事，有德行的人应该远远避开。依附之人不要固定在一个人身上，这样祸患就可减少了。

　　君子自己努力向上，他们只担心不能自立。小人自己轻视自己，他们只担心没有依靠。

　　没有思想就没有获得。没有谋略就不会成功。

　　穷困久了就会产生恨意，如此感表才能振作。困厄多了就会催生智慧，如此性情才会平和。没有困厄的经历，后来是要补上的。

　　地位低若无人扶持，必定要倚仗地位高的人。读书人若不知谦逊，必定会献媚世俗。勇敢者能无所畏惧，必定会抑制过激的情绪。

　　严守礼节不能谄媚权势，礼节应使人受到束缚。性情急躁不可能取得功名，急躁使人心绪纷乱。

　　先有道德的缺失，后有势力的消亡。先有思想的变化，后有不良的行为。

　　用好人能建功立业，用坏人能导致恶果。好的想法使人平安，坏的想法使人遭恶。用邪恶来对抗正义，一定会灭亡。

　　地位低下的人不可以轻视。珍贵的物品不可以重视。远处的神灵不可以疏远。

　　势力有终了的时候，要早做准备。人都要经历苦难，精神不能崩溃。

第四章
找准方向，放手作势

  天底下没有任何一种事业是可以满足所有人的，或使所有的人都不喜欢的，任何一种事业都难免有人会喜欢，有人会讨厌，因为这是没有十全十美的。

  我们要永远清醒地认识到，对于事业的满足与否，应基于个人的事业原动力，以及是否能从此项事业中使自己获益。因此，我们有必要仔细评估自己目前的事业，以便发现这项事业是否能给予我们满足感，是否具有发展机会。

  而我们只有找到适合自己并且具有发展的事业，才能放手作势，同时保持良好的发展势头。

选择自己最擅长的事业

洛克菲勒说：如果人生是一场赌博，那么我一定会选择自己最擅长的一种赌博方式。也许是把人生当成一场赌博的原因，在有些人看来今天的社会似乎太阴暗与惨烈了些。那么，我们不妨把人生当成一盘棋，并下好这盘棋。学一学洛克菲勒的处世方法：选择自己最顺手的棋。只有自己下得顺手的棋，才能将棋势演绎得更好，有更大的赢面。

在幼年与少年时期，我们可能还不知道什么是适合自己干的事业，这种现象很正常。而等我们步入社会后，如果还是像儿时那样懵懵懂懂，则前途黯淡。

百六十行，行行出状元，总有一行的状元应该是属于你的。选对自己下何种"棋"极为重要。选对了，可以成为成就事业的基础；选不对，将会遇到不少弯路及坎坷。所以，在确定职业之前，应该考虑你所从事的职业是否符合自己的志向、兴趣和爱好，与所学专业是否相近，还要考虑其社会意义和未来的发展前景如何，必要的工作环境和保障条件如何。

首先，要认清现实的处境。现实需要生存的本领、竞争的技巧和制胜的捷径，要勇于面对社会无情的选择或残酷的淘汰。这个时候，你在选择别人，还是别人也在选择你，没有退路，只有向前走。要认识到有成功者就必定有失败者，这很正常。千万不可争强好胜，钻进牛角尖出不来。遇到难题，不妨换一个角度重新思考一下，试着把自己的位置放低一点，说不定很快就能柳暗花明了。

其次，要结合自己的兴趣。兴趣，是一个人力求认识、掌握某种事物、并经常参与该种活动的心理倾向，有些时候，兴趣还是学习或工作的动力。当人们对某种职业感兴趣，就会对该种职业活动表现出肯定的态度，就能在职业活动中调动正面心理活动的积极性，表现出开拓进取，刻苦钻研努力工作，有助于事业的成功。反之，如果对某种职业不感兴趣，硬要强迫做自己不愿做的工作，这无疑是一种对精力、才能的浪费，也无益于工作的进步。

再次，要符合自己的性格。性格是指一个人在生活过程中所形成的、对人对事的态度和通过行为方式表现出的心理特征，是一种生活态度也是一种行为习惯。譬如有的人对工作总是赤胆忠心，一丝不苟，踏实认真；有的人在待人处事时总是表现出高度的原则性，坚毅果断，有礼貌，乐于助人；有的人在对待自己的态度上总是表现出谦虚、自信的特质。人的性格差异是很大的。有的人傲气、泼辣；有的人热情、活泼；有的人深沉、内向；有的人大胆自信有余而耐心细致不足；有的人虽耐心细致有余却大胆自信不足，等等。不一而足。性格是由各种不同特征所组成的，性格与气质不同，其社会评价也有明显的好坏之分。性格对气质有深刻的影响，在一定程度上性格能够掩饰或改造气质。性格还对能力的形成和发展起着制约作用，社会上几乎每一种工作都对性格品质有着特定的要求，要选择某一职业就必须具备这一职业所要求的性格特征。例如：作为一名文艺工作者，除了要具备这一职业所要求的气质、能力外，其性格应具有活泼、开朗、情感丰富的特征；作为一名教师除了具有丰富的知识外，还应具备热爱学生，对工作热情负责，正直、谦逊、以身作则等良好品质；作为医生则被要求有人道主义精神，富有同情心、责任感和一丝不苟的工作态度。实践证明，没有与职业要求恰当的良好的性格品质，很难顺利地适应工作。

最后，要根据自己的能力。能力会直接影响工作的效率，是工作顺利完成的个性心理特征。它可以分为一般能力和特殊能力。例如，观察力、记忆力、理解力、想象力、注意力等都属于一般能力，它们存在于广泛的工作范围中；而节奏感，色彩鉴别能力等属于特殊能力，它们只会在特殊领域内发生作用。社会上的任何一种职业对从业人员的能力都有一定的要求，如果缺乏某种职业所要求的特殊能力，即使你有机会真的吃上这碗饭，也会难以胜任这项工作。所以，在选择职业时绝不能好高骛远或单从兴趣出发，而要实事求是地检验一下自己的学历程度和职业能力，这样才能找到"有用武之地"的合适工作。对于会计、出纳、统计等职业，工作者必须有较强的计算能力，过于"豪放"的"奔腾"能力就不适于干这类工作；对于工程、设计、建筑规划甚至裁缝、电工、木工、修理工等职业的工作者，需要具备对空间判断的能力和抽象思维的能力；而对于驾驶员、飞行员、牙科医生、外科医生、雕刻家、运动员、舞蹈家等职业的工作者，则要具备手眼与肢体的协调能力。

虽说行行能出状元，但并非你进入任何一行都能成功。

努力调整自己，适应潮流

　　人作为社会中的一分子，力量之渺小，犹如大河中的一滴水珠。社会发展的潮流，以它无法抗拒的力量裹挟着每一个人前进，个人只有努力调整自己的方向去适应潮流，方能在自己有限的人生里掀起几朵漂亮的浪花。

　　时势造英雄，再伟大的英雄，也只是时势的产物。武昌起义的一声枪响，结束了中国的封建帝制，表面上看是英雄们造就了时势，实际上英雄们只是做了一件符合历史发展的事。晚清政权不符合历史潮流的方向，当时的历史需要一种进步的、民主的制度。于是，阻碍历史发展的绊脚石进了坟墓，革命者走上了历史的舞台。

　　无论你是从事哪一个行业，做的时间越长，相对来说自身在这一行业的优势就会越多。因此，我们在规划事业方向时，应该将社会发展的大势纳入考量的重点之一。发现"彼得原理"的劳伦斯·彼得曾说，我们曾目睹一些光荣古老的行业消失，并深感惋惜。像马车制造者、铁匠、车夫等，由于现代文明的来临而成为时代的落伍者。由此我们不难理解，一个投身某一行业的技工（或老板），在他精通此行业的技艺（把企业做大）之前，就可能会发现他向上爬的梯子已经被移动了，有时候，甚至是早已消失了。

　　彼得还举了这样一个例子：邓德因找不到固定的工作而大为不安。他去拜访职业顾问。这位顾问解释说，你找不到固定的工作是因为你学历太低而且没有掌握吃得开的技艺。为此，职业顾问推荐邓德去上修鞋课。他说，你学到了这门技艺，今后就可高枕无忧了。邓德头脑灵敏而且意志坚定，不久就修完了规定的课程。但当他去找工作时，却发现没有地方愿意雇用他。这是因为，修鞋是一门古老的技艺，修鞋业是一种日渐衰落的行业，人们很少再去修鞋，而是把旧鞋丢了再买新的。这个城市的修鞋铺已经有不少因此而被迫关门了。所以，可怜的邓德花了很多精力，最后爬上的是一个连自己也支撑不住的梯子。

邓德的教训就在于他在选择自己的事业之路时，对社会的未来状况缺乏了解，不懂得他所选择的正是社会在抛弃的。通过邓德的教训，我们也可以思考自己的目标是否与社会发展的方向相吻合。不要把可预测到的可能被社会淘汰的事物，作为个人的奋斗目标。

凡事预则立，不预则废。做出抉择以前，我们有必要对相关的情况进行科学合理的了解和分析，以提高选择的正确性。

在现代社会，需要预测的未来情况实在太多了，既有宏观的，又有微观的；既有社会的，又有家庭的；既有经济的，又有政治的。而且，由于目标不同，所预测的内容或重点也千差万别。一般说来，以下几点十分重要。

1. 预测需求的变化

所要选择的事业，只有适应社会的需求才会有价值，而社会的需求又是千变万化的，今天的"热门"可能瞬息变成了"冷门"；而今天的"冷门"明天也可能变为"热门"。这就需要从种种迹象对未来的社会需求状况做出分析预测。在市场经济条件下，实现目标更是强调适应需求的变化。

2. 预测时代的潮流

时代的潮流也是千变万化的。适应时代潮流的选择，才是值得做出的选择，才是实现价值的选择。换言之，只有适应时代潮流，才能适应社会需求。因此，在做出选择之前，有必要对社会潮流的变化加以关注和预测。

3. 预测"规则"的变化

无论干什么事，都要本着一定的规则进行。即使违规，也有违规的"规则"。而在变革的年代，规则是不停地变化着的，这对一个人的选择有重大的影响。简单地说，假如你本着过去的规则，经过努力可以如愿以偿；可是，如果在你朝着选择的路子迈进的时候，规则变了，而你仍按老规则行事，那将必败无疑。

可见，在确立自己的事业方向时，首先要顺应社会发展的大趋势。那种脱离社会现实、一厢情愿的选择，难免步入"覆巢之下，焉有完卵"的无奈境地。

大势不可违逆，成大事者莫不是顺势而成的。

公司应如何选择

无论是从商、从政还是打工，工作本来就没有优劣之分，只有是否适合之别。基于大多数人选择打工，我在这一节谈谈该选择什么样的公司这个话题。

确定了事业发展的大方向后，我们接下来应该选择一家有相关职位的公司。每个行业都有很多公司，而每家公司的前途和命运大不相同。一旦我们选择了一份职业，就一定要选择一家与职业相关的公司。

当今社会是一个开放性的社会，工作也是一种双向的选择。单位有权选择你，你也有权选择单位。树挪死，人挪活，好庄稼要种在沃土里。

选择公司要视自己的情况而定，公司的优与劣、大与小之间并非是绝对的，尤其是对具体的个人而言。人的能力在不断增长，职业生涯也在不断变化，不同阶段选择公司也应有不同的标准。问一问自己处于哪个阶段？这一阶段有些什么特别之处？职业生涯规划中有一个"三个三年"的说法，对于读者来说有一定的参考价值。

第一个三年：学习期

这是从学校毕业进入职场的头三年，个人目标应主要放在各个层面的学习上，工作所需的技术、为人处世的态度或者团队工作的相关经验等，都将会是未来驰骋于职场的必需品，切勿过多地要求公司的薪水或奖金的多少。

在这一时期，你需要接受培训，需要有一个能锻炼人的公司，并在最艰苦的环境里参加实际工作，获得实际体验，学习技术常识，增强职业上的自信心。因而在这一阶段，学习适应社会的复杂性重于薪水，报酬并不重要，重要的是什么样的工作环境都要学会应对，为将来"跳槽"做好准备。

第二个三年：整合期

第一个三年以后，应学会将公司所面临的各项优劣势及客观条件，结合个人的能力加以整合运用，在适合你的岗位上发挥最大能力。

与此同时，还要努力向外扩展，带动自己的人脉跟着成长，而不要只是抱怨公司的格局太小，总有一种壮志难酬的遗憾。只要能够让自己的能力充分发挥，势必要打破原有的桎梏，拓展自己的人际关系网络。因此，这一时期不要太多地去考虑公司能带给你什么样的利益。

第三个三年：创建期

创建期的三年，已经进入了"学有所成"阶段，是施展真功夫的时候了。此时发挥个人实力，往往比所处职位的高低更为重要。在职场上成长至此，已经具备了各种基础能力，应该全力发挥储备的实力，同时要学会扬长避短，这样个人在职场中的社会地位将会有所提升，谋求更进一步的职位也只是早晚的事情了。如果你所在的公司能够肯定你的能力，给你一个相当的职位，你就可以大刀阔斧地干一番，即使公司规模不大，只要你能充分发挥自己的实力，也就不必要去再选第二家公司了。不然，就毫不犹豫地选择更适合自己的工作岗位，另谋高就。

职场上这种三个三年期是不断变化发展的，作为职业载体的公司也是一样，公司的运转也是有生命周期的，习惯上也被分为成长期、发展期、成熟期、衰退期。与此相应，这四种公司对员工的需求也各有不同。要选择前三种公司去施展自己的抱负，实现自己的理想。

——成长型的公司给人一种蓬勃向上、轻松愉快的氛围，公司从老板到员工都显得年轻而有活力。成长型的公司往往喜欢选择一些能吃苦耐劳的人作为自己的员工。

　　——发展型的公司在市场拓展过程中能体现出惊人的速度和赢得激烈市场竞争的高明策略，大有一种初生牛犊之势。发展型的公司需要具有很强市场开拓能力的人作为自己的员工。

　　——成熟型的公司体现为严密的管理制度和成熟的业务形态，许多管理方面的东西是值得借鉴和学习的。成熟型的公司则会选择一些高学历、高素质、有管理经验的职业经理型的人才。

　　——衰退型的公司表现为人心涣散，暮气沉沉，不管员工多么努力也只能是得不偿失。虽然这类公司也在招聘试用一些人才力图改变颓势，但你千万不要涉足。

　　好的庄稼一定要种在肥沃的土地上，才会有最佳的收成。

选择值得追随的老板

在一个公司里，"老板"是核心，是不折不扣的"灵魂人物"。老板的眼界、能力和管理方法对公司未来的发展起着决定性作用。因此在选择公司时，老板的风格和为人便成了必不可少的判断依据，因为只有好的老板才能让自己在这样的公司里得到良好的锻炼和发展。

找工作时，老板有权选择员工，同样，我们也有选择老板的权利。市场经济已经取代了计划经济，一个成熟的商业社会，企业发展相对稳定，创业已经变得越来越不容易了，有更多的人在人生某一个阶段甚至一辈子都可能要扮演雇员的角色。因此，对大多数人来说选择一位值得追随的老板，是个人前途的最大保证。

一生中能允许有几次错误的选择呢？如果选择不当，在刚刚踏入社会的黄金阶段就连换三五个工作，或是一成不变地守住一个公司，成功的机会便大大降低了。谨慎地选择可以追随的老板，是你一生中为数不多的重要决策之一。

好公司中的好老板，能够培养我们更多的能力和信心，能够给我们提供更多的帮助。同样，即使在一个不怎么景气的公司，如果能遇到一个好老板，也会获得更多的教益。如果我们抱着向老板学习的态度，选择一个好老板就显得更加重要了。

毕竟，物以类聚，人以群分，与什么样的人交往，对个人的成长影响颇大。中国有句俗话：近朱者赤，近墨者黑。长久地生活在低俗的圈子里，无论是道德上还是品味上的低俗，都不可避免地让人走下坡路——我们应该努力地去接触那些道德高尚、学识不凡的人，这样才能促进自己的提高。

一名职业培训师到某大学做职业生涯规划的演讲，一名学生问他：选择公司最重要的因素是什么？大师反问他：你认为你最重视的是什么？学生的回答不是薪资、福利等人们普遍关心的问题，而是"值得追随的公司领导人"。

老师追问：为什么你要把企业领导人列为最重要的因素？这位聪明的年轻人满怀自信地回答：只要跟对老板，学得真本事，一辈子都受用，还怕没有机会出人头地吗？

这位年轻人的理念正是我们所要推崇的，而他尚未踏出校园，也还没接触到社会深沉的一面，但他懂得第一份工作应选个好老板来跟随，也算得上是有远见了，而今这名学生已成了微软重量级的管理人员。

无论求职时对即将从事的工作进行了多么深入的研究，但你只能找到一份工作。如果你遇到的老板不是那种慧眼识英才的人，你的能力和贡献都是白搭，甚至他还毫无道理地打压你，会让你的内心产生一种失落感，使你产生对工作的厌倦以及心灵上的伤害。

关键的问题是：好老板在哪里？其判定标准又是什么？

好老板的脸上没有贴标签，职场中的你需要练就一双慧眼。概括起来，选择以下三种类型的老板是个不错的选择。

1. 选择值得信赖的老板

如果你选择的老板是个扶不起的阿斗，你把精力、能力浪费在他身上，岂不是白费心思？那么什么样的老板值得信赖呢？值得信赖的老板应该具有以下特质：

（1）有魄力，但不莽撞；

（2）刻苦勤劳，做事严谨；

（3）做事心细，反应机敏；

（4）具有创新精神；

（5）对待员工宽厚，但不纵容；

（6）重视商誉，不投机取巧；

（7）在所属业界有良好的公共关系圈；

（8）自制力强，有出淤泥而不染的品质；

（9）有识人与用人的才能；

（10）有扩展事业的雄心和理想，具有积极向上的精神。

2．选择能和自己员工患难与共的老板

如果你在中小企业工作，要有牺牲眼前利益的精神，把公司的发展当作自己的发展。在小公司工作肯定比在大企业辛苦，拿钱也比在大企业中少，你唯一的希望就是学会在小公司中把生意做大，在水涨船高的情形下，你才会有前途。因此，在你进入中小企业后，一定要抱定与公司共荣辱、同患难的决心，把自己的前途赌在公司的事业上。当然，这样做的前提是，老板必须是个值得信赖的，能和员工患难与共的人。若不是这样的老板，你应该毫不犹豫地选择离开，否则会浪费你的青春。

3．选择具有现代经营理念的老板

企业的经营管理，已成为综合性的科学产物，不管是人事的组合、投资的分析、市场的拓展，都有一套系统的做法。老板不具备这种新的观念，企业就没有前途，你的命运可想而知。

俗话说："宁和聪明人吵架，不与傻子过话"，讲的就是这个道理。毕竟"良禽择木而栖"，谁愿意让自己"鲜花插在牛粪"上。

当然，老板在某种程度上是不能完全符合自己心目中的标准的。但是，你可以创造条件去接近心目中认定的比较理想的老板。选择老板时，不仅需要看老板的思想意识、他们对下属的关心程度及提携下属的能力等，还要看你自己的意愿和想法以及你的兴趣。

有一些人在工作中追求的是职务的晋升；有的是追求比较安定的环境；有的是追求比较高的经济收入；还有的是为了事业的充实。目的不同，对老板的要求不同，选择老板的标准当

然就不一样。

人生是由一连串的选择组成的，一个又一个的选择对了，人生就会少走弯路。

迎合时机，顺应形势

战国时期，鲁国有一个施姓人家，他有两个儿子，一个喜好学问，一个则喜好作战。喜好学问的那个儿子，用他所学去齐国游说，齐国君主让他做了公子们的老师；喜好作战的那个儿子，用他所学去楚国游说，楚国的君主让他做了军官。这样一来，施家便因此而发迹了。

施家的邻居姓孟，也有两个儿子，同样也是一个习文，一个习武，但孟家很贫困。孟家见施家一下变得很富有，非常羡慕，便去施家请教致富的经验。施家便把两个儿子出外游说而做官的事，原原本本地告诉了孟家。

孟家习文的儿子用他所学，向秦国君主大讲仁义治国的道理，秦王不满地说："寡人如果采纳你说的仁义治国，必遭灭亡！因为当今各国都是采用武力竞争，所专心做的不过是足食足兵而已。"秦王一气之下，下令对他行阉割之刑（即割掉睾丸），然后放了他。孟家习武的儿子，用他所学向卫国君主游说。卫王对他说："卫国只是一个弱小的国家，夹在几个大国之中求生存，不得不服从大国，安抚小国，以保平安无事。寡人如果采纳你的以武力谋胜的办法，卫国很快就会灭亡。"卫王心想，如果就这样放这个人回去，他必定还会去别国游说武力竞争之事，将对我国造成严重威胁，于是下令砍断他的脚，送回鲁国。

孟家见两个儿子的遭遇，不但没有致富反而受害，一家人气得捶胸顿足。于是，孟家非常气愤地找到施家，又哭又闹，大加责备。施家心平气和地解释道："我们两家一直和睦相处，你们有难，我们很能理解和同情。不过，这件事呢，应当总结教训才是。这中间包含了深刻的道理：'不管什么样的人，凡是他的行为符合时宜者就会昌盛，违背时宜者就会危亡。'就我们两家来说吧，所学和做法都是一样的，为什么结果却完全相反呢？并不是由于你们的行为和做法不对，而是因为违背了时宜。天下的道理没有绝对正确的，也没有绝对错误的。过去所用的道理，现在也许认为过时而不适用；现在要舍弃的，也许将来又要用它。这种用与不用，没有一定的是非和准则。看准机会，迎合时机，并没有固定的方式，必须要靠聪明机智。否则，纵使有像孔子那样的博学，像吕尚那样的谋略，不合时宜，到什么地方都摆脱不了穷困！"孟家父子听了，才恍然大悟，逐渐消除了对施家的怨恨。

同一种做法，结果却相反，这是经常有的事。因为迎合了时宜而得到了昌盛，是施家的做法，孟家的做法由于违背了时宜，反遭祸害。前者做事有针对性，即找准了对象，根据对象目前的实际情况以所学去迎合，目的性明确，自然会产生好的结果；后者做事缺乏针对性，不符合对象的实际情况，甚至还让人产生抵触，当然会带来不好的结果。

这说明了一切想法和策略都应当从实际的观点出发，具体情况应做具体分析，切不可生搬硬套。同时，也必须使言语和行动顺应时代大势，识时务、合时宜，紧扣时代的脉搏，才能更恰当地施展聪明才智，否则将会带来很大的危害。这就是人们常说的实事求是，说穿了也就是顺应时势。

龙无云则成虫，虎无风则类犬。龙虎的威风，离不开"势"的帮衬。

顺风扬帆，事半功倍

形势赐予我们的机遇往往具有决定性的成功因素。一个人纵然有通天本领，如果处于一个万马齐喑的时代，他也不可能有太大的作为。好的形势则犹如东风，此时乘势而行就犹如顺风扬帆，可以事半功倍。所以，把握自己的命运，关键是要顺应形势、趋利避害，才有可能做一个把握时代的弄潮儿。

很多年以前，美国国民银行和芝加哥信托公司主管贷款的副行长鲍尔·雷蒙就给他的银行顾客提供了一种服务：他送给顾客一本杜威的书《经济循环》。这本书使顾客中有许多人都创造了财富，因为这些顾客学会和理解了商业循环和趋势的理论。其中有些人虽然未能创造新的财富，却能保证本钱，不管经济趋势如何变化，他们最终都没有损失已经获得的财富。担任经济循环研究基金会主任多年的杜威指出：每一种活的肌体，无论它是个人、事业或国家，都会逐渐成熟，逐渐发展，然后死亡；由此，不管经济循环和趋势如何，作为一个个体，只有乘势而行方能够做出一番成就。顺应形势的发展，才能够成功地应付挑战。就你和你的利益而论，不管管理体制总体的趋势怎样，你可以用新的生活、新的血液、新的想法和新的行动去改变局部的趋势。

在中国古代博大深邃的思想宝库中，也曾有过"出世"与"入世"的争论，其核心重点是——有才能的人应该以何种方式来对待自己面临的时代。

得出的重要结论之一便是主张"顺道而行"，根据时代的性质来决定自己的行为方式。就连以"知其不可而为之"闻名的孔子也曾说过："天下有道则见，无道则隐"，"邦有道，则仕；邦无道，则可卷而怀之。"

　　虽然当代中国的多数人在成长过程中都曾有过不幸的过去，但总体而言我们还是幸运的，因为我们遇上了一个相对稳定的时代。特别是改革开放以来，历史再次恢复了它的理性和良知，整个社会都充满了对人才的渴望和呼唤。而面对时代所提供的前所未有的机遇，有识之士终于可以"天下有道则见"了。许多人的命运出现了根本性的转变，创造出辉煌灿烂的人生。

　　发展进步的时代就是一个能为人的发展提供更多机遇的时代，它使人们能有更多的自由去选择、去改变自己的命运。在"计划经济"时代的利益格局下，一个人的命运可能是固定的、卑贱的，永远无法得到某些东西，永远无法改变自身的生存状态；而"市场经济"的时代，则为我们提供了各种成功的可能。

　　回顾古今名人的成长史，我们可以深切地体会到：没有时代所赐予的良机，没有乘势而动的胆量和气魄，就不会有辉煌的人生和事业成就。

　　飞蓬遇飘风而致千里，英雄乘大势而成大事。

成功的关键在于行动力

　　有很多富有的大企业家并没有学过经济学，他们成功的关键就在于行动力强：一旦发现机遇，就能把机遇牢牢地抓在手中。在《英国十大首富成功的秘诀》一书里，作者分析当时英国顶尖首富的致富秘诀时指出："如果将他们的成功归结于深思熟虑的能力和高瞻远瞩的思想，那就失之片面了。他们真正的才能在于他们审时度势后付诸行动的速度，这才是他们最了不起的，这才是使他们出类拔萃，位居实业界最高、最难职位的原因。'看准就做，马上行动'是他们的座右铭。"

　　看清今天的局势、预测明天的趋势，这些都很要紧，但同样要紧的是付诸行动以顺应时势。人生本来就是要在不断行动中实现的。

　　千里之行，始于足下。对成功之路说一千道一万，最终还是归结于脚踏实地的行动。美国成功学家拿破仑·希尔说："在通向失败与绝望的路上，堆满了没有付诸行动来实现的梦想。"

　　美国演员乔治在决定提前退休去追求毕生梦想的表演事业之前，已在陆军服役长达 14 年。朋友和家人们听到他要离开生涯有保障的军职都说他疯了。他们提醒他只要再等 6 年，便可以领到全额的退休金。有些人还指出，演员的生活奋斗不易，甚至说像他这种年纪还想成为电影明星简直就是做梦。不管成功的可能性有多少，也不顾其他人的建议如何，乔治还是勇敢地前往好莱坞。经过一段辛苦与忍耐，乔治终于实现了他的梦想。后来他又继续在一系列成功的电视剧和电影中担任角色，并因在电视连续剧中扮演的角色而荣获艾美奖。

　　著名的松下电器创始人松下幸之助也是一个知道并且做到了

"乘势而行"的人。1910 年 10 月，松下幸之助进入一家电灯公司，担任一名安装室内电线的实习工。他在 7 年后辞职，自己开设工厂，制造电灯灯头，终于发展成为日本乃至全世界一流的家庭电器用品制造厂家。

出身贫寒的松下幸之助是怎样白手起家的呢？

日本明治维新以后，欧美各国新的交通工具与先进技术都逐渐进入日本，电车是其中最引人注意的交通工具之一。松下通过预测、推想和分析认为各线电车一旦完成通车，自行车的需要就会减少，将来这种行业不太乐观。相反，与电车相关的电气事业因为能满足人们的迫切需要，日后一定能兴盛起来。

由于具有敏锐感和对商业发展趋势方向的正确预测，松下才能不被过去与现在的事务所羁绊，才能随时随地表现出决断能力来。这便是松下幸之助成功的重要因素之一。

于是，松下幸之助毅然辞去了人人羡慕的自行车店的工作，来到大阪电灯公司当一名内线实习工。尽管他对电的知识一窍不通，但由于这是他兴趣所在，所以学起来得心应手，很快便掌握了安装和处理技术，成为熟练的独立技工。由于工作出色，1911年，松下晋升为工程负责人。

在工作中，松下改良并试制出了一种新产品，而上司却对此态度冷淡，松下为自己的发明遭到冷落感到惋惜和不服，产生了挫折感。他感觉到，即使在自己向往的电灯公司工作，也不能使自己的志向和才能得到充分施展，唯一的办法就是另立门户自己创业。于是他在大阪市一个地方租了一间不足 10 平方米的房间，开办了一家小作坊，职工共有 5 人，包括松下夫妇及弟弟井植岁男（后成为三洋电机公司的创始人），产品便是松下发明的新式电灯插口。这就是闻名全球的松下电器公司的雏形。

工厂成立后，松下面临的却是失败。1917 年 10 月，电灯插口制作成功，但 10 天内仅卖出 100 个，营业额不足 10 日元，不仅没有盈利，连本钱都赔光了。全家只能靠典当物品艰难度日。

但松下并没有被眼前的困难吓倒，因为他相信，自己的努力一定能带来真正有价值的东西。同年年底，机会来了，川比电气电风扇厂让松下替该厂试制 1000 个电风扇绝缘底盘。这对困境中的松下来说如同久旱逢甘霖。松下反复试验，解决了技术难题，与妻子、弟弟一起日夜奋战，在年关迫近时如期交了货，且质量博得好评。结果，松下在年底获得了 80 日元的盈利，这是他赚取的人生第一笔盈利。

1918 年 3 月，松下幸之助在大阪市北区西野田成立松下电气器具制作所，从而迈出了他创业生涯中成功的第一步。经过数十年的艰苦经营，松下终于使自己的企业成为以生产电子产品为主的国际性庞大的企业集团。公司规模在日本仅次于丰田与日立两个公司，拥有职工约数十万人，资产在几百亿美元。

从松下幸之助由白手起家到变成了富可敌国的企业家的经历可以看出，顺应局势的事大可放手去做，尽管其中可能会遇到许多困难，但时代洪流却是不可阻挡的，付出最终必有收获。所以只要是认准的事，就别再犹豫，朝着成功的理想执着追求吧！

风不会总是朝一个方向吹，潮水也不可能一直涨下去。趁有风的时候，放飞你的风筝；趁涨潮的时候，把船推入大海。

如果我们已经明势，从"势"看到了机会的骏马，那么就赶快骑上马背吧。机会如时间一样，似白驹过隙般迅速出现又会迅速消失。失去的机会，永远不可能再得到了，这就像人不能两次踏入同一条河流一样。

《孟子·公孙丑上》中曾引用齐人的话：虽然有智慧，不如趁形势；虽然有锄头，不如等农时。中国类似的谚语还有"顺势而为""到什么山唱什么歌"；禅宗惠海禅师讲"该吃饭时就吃饭，该睡觉时就睡觉"，讲的都是这个意思。

从某种意义上说，个人智慧的确不如时势造英雄，工具优良也的确不如时机重要。所以，很多人怨天尤人，认为自己怀才不遇，实际上是自己还没有学会乘势待时、抓住时机。可以用田径赛中的起跑为例。如果你错过了起跑的口令，老是慢半拍才回过神来，这就是没抓住时机，自然会影响你的成绩，肯定要被别人甩在后面。但是，如果你投机取巧，抢在口令发出之前起跑，那你就不仅没有抓住时机，反而还犯了规，就有被取消比赛成绩的危险了。

识时务者为俊杰，因此，真正要乘势待进，还是离不开智慧。有智慧才能正确分析各方面错综复杂的情况，做出决断，抓准时机，收到事半功倍的效果。相反，则很难做到这一点，往往让时机从自己的身旁悄悄溜走而不知晓。就像有人所说："许多人对于时机就如小孩子们在岸边所做的一样，他们的小手盛满砂粒，又让那些砂粒漏下去，一粒粒地落下以至于尽。"

在日益健全而又成熟的市场经济秩序下，市场犹如一局局简单明了而又变化万千的棋局，局局如新。只有摸准了时势的脉搏，踩对了时势的节拍，才能做到顺应潮流，才能轻松而又实在地赚到大钱。无论是做生意，炒股票，还是选择自己的职业，机遇的问题都越来越突出地摆在大家面前。如何乘势待时，抓住机遇，当然也就越来越引起人们的重视。

机会只留给有准备的人

有时，耐心等待时机对于乘势是非常重要的。

战国时，安陵君是楚王的宠臣。有一天，江乙对安陵君说："您没有一点土地，宫中又没有骨肉至亲，然而身居高位，接受优厚的俸禄，国人见了您无不整衣下拜，无人不愿接受您的指令为您效劳，这是为什么呢？"

安陵君说："这不过是大王过高地抬举我罢了。不然哪能这样！"

江乙便指出："用钱财相交的朋友，钱财一旦用尽，交情也就断绝；靠美色交结的朋友，色衰则情移。因此狐媚的女子不等卧席磨破，就遭遗弃；得宠的臣子不等车子坐坏，已被驱逐。如今您掌握楚国大权，却没有办法和大王深交，我暗自替您着急，觉得您处于危险之中。"

安陵君一听，恍如大梦初醒，方知自己其实正处于一个非常危险的境地。他恭恭敬敬地拜请江乙："既然这样，请先生指点迷津。"

"希望您一定要找个机会对大王说，愿随大王一起死，以身为大王殉葬。如果您这样说了，必能长久地保住权位。"

安陵君说："我谨依先生之见。"

但是又过了三年，安陵君依然没对楚王提起这句话。江乙为此又去见安陵君：

"我对您说的那些话，至今您也不去说，既然您不用我的计谋，我就不敢再见您的面了。"

言罢就要告辞。安陵君急忙挽留，说：

"我怎敢忘却先生教诲，只是一时还没有合适的机会。"

又过了几个月，时机终于来临了。这时候楚王到云梦去打猎，1000多辆奔驰的马车连接不断，旌旗蔽日，野火如霞，声威十分壮观。

这时一条狂怒的野牛顺着车轮的轨迹跑过来，楚王拉弓射箭，一箭正中牛头，把野牛射死。百官和护卫欢声雷动，齐声称赞。楚王抽出带牦牛尾的旌帜，用旗杆按住牛头，仰天大笑道："痛快啊！今天的游猎，寡人何等快活！待我万岁千秋以后，你们谁能和我共有今天的快乐呢？"

这时安陵君泪流满面匍匐在地上说："我进宫后就与大王共席共坐，到外面我就陪伴大王乘车。如果大王万岁千秋之后，我希望随大王奔赴黄泉，变做褥草为大王阻挡蝼蚁，哪有比这种快乐更宽慰的事情呢？"

楚王闻听此言，深受感动，正式设坛封他为安陵君，安陵君自此更得楚王宠信。

后来人们听到这事都说："江乙可说是善于谋势，安陵君可说是善于等待时机。"

等待时机的来临需要充分的耐心。这个过程也是积极准备、等待条件成熟的过程。不过，等待时机决不等于坐视不动。《淮南子·道应》云："事者应变而动，变生于时，故知时者无常行。"

尽管江乙眼光锐利，料事如神，毕竟事情的发展不会像人们设想的那样顺利和平静，而安陵君过人之处则在于他有充分的耐心，等候楚王欣喜而又伤感的那个时刻，这时安陵君的表白，才无疑是雪中送炭，温暖君心，因此也改变了险境，保住了长久的宠臣地位和荣华富贵。

机会是给有准备、有眼光的人准备的。

第五章
机会面前目光如炬

宋太宗时，朝廷发生了"潘杨之案"。"潘杨"指的是潘仁美与杨延昭，一个是开国功臣、堂堂国舅；一个是镇边大帅、世代忠良。这个案子在当时是一个烫手的山芋，谁也不敢去接，生怕一招不慎，轻者革职流放，重者凌迟处死、株连九族。

当时的晋阳县县令寇准却发现这是一个平步青云的好机会，他认为这个案子如果办好，有望升为南太御史甚至宰相，一路官运亨通。于是他果断地接下"潘杨之案"，并实事求是地公正决断，深得上下的信任与赏识，终于升为宰相。

先发制人，抢占先机

商机时隐时现，稍纵即逝。因此，在商业竞争中，快速反应、先发制人而抢占先机者，自然掌握竞争主动，获得占先优势。这是古今中外商战实践的真知，也是赚大钱的一条重要方略。围棋对弈时，首先要进行"猜先"，终局时执黑先行者贴目计算输赢。

围棋术语中，还有"先手"之说，并有个"宁弃数子，不失先手"的定理。这充分表明，在围棋比赛中先手能取得主动，先手能占得便宜，先手能获得优势。

在商业竞争中，先发制人而抢占先机，是商战实践的真知，也是商战中取胜的一个定论，还是创业活动的一条重要方略，是创业者所追求的目标。而要做到先发制人，少不了对局势做出正确的预测，并根据预测的结果采取相应的行动。

古川久好是日本一家公司中地位不高的小职员，平时的工作无非是为上司干一些文书工作，跑跑腿，整理报刊材料等。工作很辛苦，薪水却不高，他总琢磨着要想个办法赚大钱。有一天他在收音机里听到一条介绍美国商店情况的专题报道，其中提到了自动售货机：现在美国各地都大量采用自动售货机来销售货品，这种售货机不需要雇人看守，一天 24 小时可随时供应商品，而且在任何地方都可以营业。它给人们带来了方便。可以预料，随着时代的进步，这种新的售货方式会越来越普及，必将被广大的商业企业采用，消费者也会很快接受这种方式。前途一片光明。

古川久好想："日本现在还没有一家公司经营这个项目，但将来必然会迈入一个自动售货的时代。这项生意对于没有什么本钱的人最合适。我何不趁此机遇钻一个冷门，经营此新行业。至于售货机里的商品，应该搜集一些新奇的东西。"于是，他开始向朋友和亲戚借钱购买自动售货机。他筹到了300万日元，这笔钱对于一个小职员来说不是一个小数目。他以每台15万日元的价格买下20台售货机，设置在酒吧、剧院、车站等一些公共场所，把一些日用百货、饮料、酒类、报纸杂志等放入售货机，开始了他的新事业。

古川久好的这一举措果然给自己带来了大量的财富。人们头一次见到公共场所的自动售货机感到很新鲜，而且只需往售货机里投入硬币，售货机就会自动打开，送出所需物品。当时一台售货机中只放入一种商品，顾客可按照需要从不同的售货机里买到不同的商品，非常方便。古川久好的自动售货机第一个月就为他赚到100多万日元，他再把赚的钱继续进行投资，扩大经营的规模。5个月后，古川久好不仅还清了借款和利息，还净赚了近2000万日元。

商场多变，商机更是稍纵即逝。因此，一项投资能否最终经营成自己的一道财源，要做出准确的判断并非是一件轻而易举的事。这其中的关键是要有判断全局的能力，要有能在对整个局势的盘算中看出必不可易的大方向的眼光。正如胡雪岩所说："做生意贵乎盘算整个大局，看出必不可易的大方向，照这个方向去做，才会立于不败之地。"这才叫做看得准，这才叫做看得远。

市场就像三伏天的天气，说变就变，神秘莫测。因此，善于识别与把握时机，并且能充分利用这种变化，就显得极为重要。所以，胡雪岩才说："'用兵之妙，存乎一心！'做生意跟带兵打仗的道理是差不多的，除随机应变之外，还要从变化中找出机会来，那才是一等一的好本事。"商人的机会是自己努力创造的，任何人都有机会，只是有些人不善于创造和把握机会罢了。最有希望成功的人，往往不是才干出众的人，而是那些最善于利用每一时机，并且能够"从变化中找出机会"的人。

不找借口找方法

尼克·史蒂文森小时候不爱学习，考试常常得 C。尼克的母亲很关心他的成绩，每次考完试，都会询问他考得怎么样。尼克拿着标着"C"的考卷，总是找各种理由为自己开脱："妈妈，这次考题太难了，我以前都没见过这样的题。""妈妈，我今天发烧了，头一直很疼，影响了我的考试。""妈妈，教我们这科的老师非常不公平，他给我判的分有问题。"……

这一天，尼克又参加了考试，当然，成绩还是 C。他拿着考卷一边往家里走，一边想着如何找借口。回到家里，当妈妈再次问起他的成绩时，他张口就答道："妈妈，我这次没有考好，我新买的那支笔太不好用了。"母亲听了之后，脸色严肃起来，毫不客气地打断了他："别再为自己找借口了。你考得不好，是因为你不认真学习，也不善于总结方法。如果你是用心地学习，你就不会也不用找借口了。"

这句话给了尼克极大的震动，使他深刻地认识到了自己一直都把精力用在找借口之上了，而不是总结自己为什么没有考好，也没有努力去学习进行补救。从此以后，尼克再也不为自己的坏成绩找借口，而是努力从自身找原因，寻找适合自己的学习方法。尼克不仅据此获得了优异的成绩，更是把"不找借口找方法"贯彻到自己的职业生涯中，最终获得成功。

我们很多人都像小时候的尼克一样，总是为自己寻找各种各样的托词。似乎失败只是客观条件造成的，而与我们自己毫不相干。这是极其不负责任的态度。试想一下，你自己是否已经尽了全力；你是否克服了不利条件而坚持到底；你是否寻找到最为便捷的方法，等等。如果你失败了就好好反省一下，不要找借口，那不仅没有任何意义，反而会使你离成功越来越远。

不光在学习，在工作中也是如此，千万不要掩饰错误。人们总是习惯为自己的过失找种种借口，以为这样就可以逃避惩罚，实际上，这种做法如同掩耳盗铃，最终受害的还是自己。因为对我们伤害最深的，不是他人的行为，也不是自身的过失，而是不敢正视这些错误，那就仿佛被毒蛇咬了，不尽快挤出毒汁，反而想去抓蛇，结果毒性散得更快。因此，正确的做法是：承认错误，并为此而道歉，切勿文过饰非，一错再错。最重要的是吸取教训，让大家看到你既敢承认错误，又能吸取教训，同样的错误不再重犯。如果你能用这种态度对待工作，那么每一个公司都会欢迎你。

一个遇事喜欢找借口的人，在面临挑战时，总会为自己未能实现某种目标找出无数个理由。比如，那些喜欢发牢骚、抱怨不幸的人曾经都有过梦想，却始终无法实现。为什么呢？因为他们有遇事找借口的不良习惯。

一位面临着失业危机的中年人来到老板的办公室，他讲话时神情激昂，抱怨公司老板不愿意给自己机会。

"那么你为什么不自己去争取呢？"老板问他。

"我曾经也争取过，但是我不认为那是一种机会。"他依然义愤填膺。

"能告诉我那是什么事吗？"

"前些日子，公司派我去海外营业部，但是我觉得像我这样的年纪，怎么能经受如此折腾呢？"

"为什么你会认为这是一种折腾，而不是一次机会呢？"

"难道你看不出来吗？公司本部有那么多职位，却让我去如此遥远的地方。我有心脏病，这一点公司所有的人都知道。"

其实，这位先生并没有什么心脏病，他只是为自己不愿远行找一个借口而已。

那些认为自己缺乏机会的人，往往是在为自己的失败寻找借口。而成功者大都不善于也不需要编造任何借口，因为他们能为自己的行为和目标负责，也都能享受自己努力的成果。

借口总是在人们的耳旁窃窃私语，告诉自己因为某种原因而不能做某事，久而久之我们甚至会在潜意识里认为这是"理智的声音"。假如你也有这种习惯，那么请你做一个实验，每当你使用"理由"一词时，请用"借口"来替代它，也许你会发现自己再也无法心安理得了。

一个人在面临挑战时，总会为自己未能实现某种目标找出无数个理由，其实这会使自己离成功越来越远。正确的做法是，抛弃所有的借口，找出解决问题的方法。二者之间的区别就在于习惯，你选择哪一种呢？

那些实现自己的目标，取得成功的人，并非有超凡的能力，而是有超凡的心态。他们能积极抓住机遇，创造机遇，而不是一遇到困境就退避三舍、寻找借口。

如果你把无谓纠缠的时间全部用在工作上，那么一定可以在任何事情上取得成就。如果你善于寻找借口，那么试着将找借口的创造力用于寻找解决问题的方法，也许情形会大为不同。

点亮照明的蜡烛

机遇出现时并不大张旗鼓，甚至有时候，它会出现在你认为毫无希望的地方。

佛经上有这样一个故事希望能给大家一点启示。

弟子问佛祖："您所说的极乐世界，我怎么也看不见，又怎么能够相信呢？"

佛祖把弟子带进一间漆黑的屋子，告诉他："墙角有一把锤子。"弟子无论瞪大了眼睛，还是眯成小眼，仍然伸手不见五指，于是他只好说看不见。

佛祖点燃了一支蜡烛，墙角果然有一把锤子。

有时候，我们认为那里没有机会，很可能只是因为我们没有点燃那支蜡烛而已。

再举一个例子，英国有位名叫约瑟的老人，在异乡独自打拼大半辈子也没有取得多大成就。有一天，他看见一个介绍月球趣闻的电视节目，只见主持人煞有介事地在桌上摊开一张假的月球图，向人们侃侃而谈。

许多人看到这一幕，大概都没想到这里有什么巧妙点子，但是约瑟却忽然灵机一动，想到既然有地图，为什么不可以有月图？有地球仪，为什么不可以有月球仪？

善于观察的他猜想人们一定会对这个新玩意感到好奇，这样就可以赚到大钱，并且这又是个新兴市场，利润一定很高。

于是，他立即将想到的点子化为实际的行动，开始画图、印刷，同时在电台做广告销售他的月图、月球仪。

果然，许多学校、科普协会等单位都来订货，这个退休的老人竟然办起了大型企业，现在全世界都有他的产品在销售，每年利润高达 1400 万英镑。

　　只要你懂得仔细观察，就会发现世界上充满着很多新奇的事物，然后加以付诸实现，你就能为自己创造许多的机会。

　　所谓观察，并非只是要在读书时注意观察，而是在日常生活中细心观察，随时关心周围发生的事情。只要你有敏锐的观察力，慢慢就会产生"对，就是那样"的感觉，在刹那间和自己的心意相通。

　　接下来，如果你能接连不断地想到"既然是这样，那么也可以……"的话，你就已经产生了创造力，最后就看你有没有把这个构想化为实际行动的毅力了。

　　你可以不必很聪明，也不一定要有高学历，但唯一不可缺少的就是你要有敏锐的观察力，它将是你建功立业的秘密武器。

机会在职场中

就像掘金要选一个富矿一样，上班族要想职位不断升迁也要擦亮眼睛选择一个合适的单位、合适的部门、合适的上司、合适的同事……

1. 选择合适的单位

和人一样，每家公司都有自己的"气质"。有的凡事推托，办事效率慢；有的则是以赛车的速度前进；有的公司标榜传统；有的却喜欢标新立异，不按常理出牌。

要是可能的话，建议你尽量选公司文化和自己的个性比较相投的单位。假如你是个不拘小节的人，在 IBM 或大银行做事，一定不能顺心，因为你必须穿得无懈可击，而且严守公司的规定。所以，你就最好找一家完全不规定员工装束的公司，像硅谷的电脑公司认为规定员工的着装简直是在浪费时间。更有甚者，有些激进的公司甚至不反对他们的程序设计师穿着浴袍上班，他们唯一在意的是员工能否把工作做好。因此，现在有许多公司都拟定了弹性上下班时间，甚至工作地点也能随心所欲。他们只希望员工能如期完成工作，其他的行动一概自由。然而，还是有许多传统的公司执着于严谨的纪律规范和分明的等级制度。如果你想和高级主管商谈，就一定得先打个电话安排时间，随意进出他的办公室是绝对不允许的。

只有选择了与自己"气质"相似的单位，你才能较快地得到上司及同事的承认。不巧的是，万一你进入了一家与你"气质"不同的单位，如果你仍存在晋升的奢望的话，出路就只有一条：努力迎合该单位的"气质"。

2. 选择提拔机会较多的部门

在单位部门的选择上，建议你应当选择到那些提拔机会较多的部门工作。过去，宣传部门和工会提拔了不少人，因为当时政治教育和群众运动曾一度是中心工作；后来，科技部门、组织人事部门出了不少优秀的人才，因为这两个部门选人的起点都很高，平庸之辈一般是进不去的；近几年，经济越来越受到人们的重视，相应的，经济部门成为值得进去的一个部门。

3. 选择上司

对于同时走上工作岗位的大学生来说，他们的起点基本一样。但是几年之后，他们在职务的晋升上就会拉开距离：有的晋升得快，有的晋升得慢，有的没有得到晋升。晋升得快的人在谈起他们的进步时，往往会把上司的帮助和提携放在首位；晋升得慢的人，则会对自己的上司流露出一种哀怨的情绪。可见，选准上司对获得晋升是十分重要的。

一般来说，上司是不能由自己选择的。但是，你可以创造条件去接近自己心目中认定的、比较理想的上司，并疏远那些不理想的上司。

在选择上司时，不仅需要看他们的思想意识、对部下的关心程度及提携部下的能力等，还要看你自己的意愿、想法以及你的兴趣。有一些人在工作中追求的是职务的晋升，有的则是追求比较安定的环境，有的是追求比较高的经济收入，还有的是为了事业的充实，也有的是图名声。各自目的不同，对上司的要求就不同，选择上司的标准当然就不一样。

4. 选择同事

在选择同事时，你应该选择心地善良、水平比你稍低的人为好。心地善良的人不会加害于你，不会在你提升的关键时刻给你脚下使绊，让你栽跟头；水平低一些可以保持他们对你的尊敬和信服，显示你的高明之处。如果你选择的同事处处比你强，而且又具有强烈的晋升欲望和竞争性，那在他们没有得到提拔之前，你就得永远步其后尘，你要越过他们则是极其困难的。如果你们水平相当，而且谁也不想相让，最后的结果必然是两败俱伤。在人才流动中，不少人愿意从大城市、大机关、大企业等高层次部门向乡镇、区街等基层部门流动，其原因就在于尽量避开强者之间的竞争，寻找发展自己才能的机遇。

机会在生活中

在每个人的生活中都充满了机会：学校里的每堂课都是机会；每次考试都是机会；每位客户都是机会；每次教训都是机会；报纸上的每篇文章都是机会；商业活动中的每次交易都是机会。礼貌地对待别人，展现自己特殊的气质，诚实地对待他人、结交朋友都可能创造出机遇。每次承担责任所得到的锻炼和荣誉都是无价之宝。

有个小故事可以让我们更明白这个道理。查尔斯·耶基斯曾是费城的一名优秀经纪人，现在是西部城市的一位富翁。他的发迹是从经过一家拍卖商店碰到的一个机会开始的。在那家拍卖商店里，他看到好几箱母亲常买的香皂。于是，他匆忙地到另一家母亲经常光顾的商店，向那里的老板询问香皂的价格。老板告诉他每 500g12 美分。他继续与老板讨价还价，老板以开玩笑的口吻告诉他再也不能少了，如果他可以用 9 美分的价格弄来这种香皂，那么拿来多少这个老板都会收。耶基斯立刻回到拍卖商店，以每磅 6 美分的价格买下店内所有的香皂。他就这样在生意场上，赚到生平的第一笔钱。

还有个类似的故事。一天晚上，美国有个大学生正在一个小小的海港城市里辗转难眠，考虑自己是否该放弃学业，因为他没钱继续上学。此时他突然听到有人喊："失火了！"他赶紧冲出去，发现一艘货船被熊熊大火所包围。他问刚好在附近的船主人："你为什么不赶紧救火好抢救些货物回来呢？"船主回答说："不啦！火势太大了，我想没必要了，如果明天早上船上还能剩些东西，我或许会把它们捡回来。但到时候应该什么都不剩了。"

"既然如此，我用 400 美元跟你买这艘船上的货物好不好？"

"求之不得!"

这名学生立即召集几名同学和一些小镇上的人,同心协力地扑灭这场火。在接下来几天里,他卖掉从船上救出来的东西,并因此赚了5000美元。在火灾发生的时候,船长认为这艘船抢救无望,但这个学生却当机立断,对事态的发展情况做出正确的判断,并得到了实质的回馈。

一个美国北方人由于久病初愈在家休养。一天,他用软松木为他的孩子削了件玩具。他的玩具做得很好,左邻右舍的孩子看了爱不释手,也都请求他帮他们做玩具。找他做玩具的孩子越来越多,很快地他便发现,自己原来正在从事这整个学区内的玩具零售业。因此,在他完全康复后,他开了家公司从事大规模的玩具业,现在他的玩具在美国已是远近驰名。

堪萨斯城一位叫麦克斯威尔的女士,为了生计开创了一个擦鞋事业。她雇用许多擦鞋匠,并安排他们定点在城市里各个合适的角落工作。不久,她发现这个事业的净利是她当老师时的五六倍之多。在支付了必要开支后,若赚的钱还有盈余,她就会提取一部分来帮助那些不幸的人。她有计划地帮助那些擦鞋匠和街头流浪儿,他们因此成为忠实朋友。她可亲的举止与善心使得她的生意有口皆碑。这就是证明一个人可以活得更有价值的好例子。

机会在小事里

善于发现别人不能发现的细微之处，这也是成事的基本功。

有一位美国青年在某石油公司工作，每天的任务就是双眼瞪着机器：当石油罐在输送带上移动到旋转台的位置时，就会有焊接剂自动滴下、沿着盖子回转一周，一项工序就宣告完成了。

他每天的工作就是不计其数地注视着这个旋转台，单调而乏味，似乎一个小孩都能胜任这份工作。

如果他这样年复一年、日复一日地工作，终究也只是一个碌碌无为的"小工人"，直至成为"老工人"，遇到经济萧条还免不了会失业下岗。他也曾经有过自己创业的念头，可是想到他没有其他本事，最后也只好作罢。

然而，这位青年平时遇事特别喜欢琢磨。他反复观察旋转台的工作状况，终于发现：罐子每旋转一次，焊接剂便自动滴落39滴，然后焊接工作便告结束。他想，在这一连串的工作中有没有什么可以改进的地方呢？如果将焊接剂减少一两滴能不能降低成本呢？

经过一番研究，他终于研究出了"37滴型"焊接机。但是很快他发现，利用这种机器焊接出来的石油罐偶尔会导致漏油。他并不灰心，接着又研制出了"38滴型"焊接机。这次效果非常理想，得到了公司的很高评价，不久就真的生产出了这种焊接机，工厂开始采用这种全新的焊接方式。

虽然这一改进只是节省了一滴焊接剂，可就是这"一滴"却能给公司创下每年5亿美元的利润。

这位青年就是后来掌握全美石油业95%实权的石油大王——约翰·D. 洛克菲勒。改良焊接机的行动彻底改变了洛克菲勒的人生轨迹。

一般人可能都会忽略身旁的小事，认为小事无足轻重，可是如果你能留意小事的缘由，说不定也能为自己赚来意想不到的财富。

举个例子，日本的池田菊博士很善于从小处着眼，想出重大的点子。

有天在家吃饭时，他用筷子下意识地搅了搅热汤，喝了一口问妻子："嗯，味道很鲜美，用了什么佐料？"妻子回答说："今天的汤是用海带煮的。"

小孩听了，突然插嘴说："爸爸，海带为什么会有鲜味？"

在通常情况下，一般人都不会在意这个小问题，但是池田菊博士却认真地思索鲜味究竟是怎么来的。他开始分析海带的成分，经过多次加工提炼后，他发现了一种白色结晶的物质对调味很有用处，这就是世界上最早发明的味精。后来，他又从其他物品中提取出成本更低的味精，然后申请专利，开办工厂大量生产，为他带来巨额的利润。

找出原因，往往能有助于发现其中的奥秘，而给自己带来新的发现。如果因事小而不为，或者根本不以为然，这只会使你与赚钱的机会擦身而过。西方某作家曾说："对微小事物的仔细观察，就是商业、艺术、科学及生命各方面的成功秘诀，人类的知识都是由世代相传的小事情的积聚，也是从知识及经验的一点一滴汇集起来，继而积成一个庞大的知识金字塔。"

随时注意小处、对小处有深刻的认识，大处则自然不会被忽略，做起事来也会事半功倍。可能会有人认为拘泥小节是小人物的作风，但是如果能注意到细枝末节，也未必就成不了大事；反倒是有财运的人，往往是在小事情上也会十分专注。

成事的机会是流动的，你不知道什么时候会轮到自己，相信很多人都曾有过这种感慨。但只要你能多留意身边的小事情，照样也能获得很多赚钱的机会。

　　日本有个家庭主妇，每天在男主人早起时，都会立刻煮面给他吃，但若是晚起或在深夜，不论煮面或洗碗都很麻烦，这位主妇便想出一种不用煮面也能吃到面的方法，也就是使用一般的塑胶杯，将干面条放进去后，再用保鲜膜盖住，等男主人回来后，热水一冲即可吃到热乎乎的面。

　　男主人觉得这个构想很好，便与拉面公司联络，该公司觉得这个方法可行，便以100万日元买下其发明权，这也就是今天大家看到的速食面。

　　可见，成事的方法是无所不在的，你不一定要有高深的学识，也不一定要有过人的天赋，但你绝不能缺少敏锐的观察力。

眼光独到稳抓商机

所谓商机，就是发展商品经济的市场机遇，也就是人们常说的商业机会。商机是从商者的生命线，对于他们来说，商机背后隐藏的是巨大的财富与无限美好的前景。波涛汹涌的商海大潮蕴藏着无尽的商机。然而，商机又是转瞬即逝的，这就要求商人具备敏锐的洞察力，能够及时地识别它，并迅速把握住它。

商机广泛存在于社会经济生活中，但它的存在并不是显露的，也就是说，人们并不是一眼就能看到她的身影。她隐藏于纷繁复杂的社会生活之中，只有以敏锐的眼光、积极的行动，才能撩开她头上的神秘面纱，看见她俏丽的身影。

许多人在创业之初问得最多的问题是：现在做什么生意最赚钱？别人的回答五花八门，事实上，别人也难以说清楚这个问题。搞外贸和外国人做生意，拿的是美元，当然赚钱，但也有亏本的；擦皮鞋一元钱一元钱地收集，也有做成连锁店发财的。

创业如下棋，高明的棋手能以独到的眼光统观全局棋势，能看出以后许多步棋的步法。当然，"棋艺"的高明不是天生的，而是靠辛勤的练习、观察和思考得来的。

只顾眼前利益的人，只能走一步算一步。这种人若不逐渐拓宽自己的视野，很难成为一个真正成功的企业家。有一个发生在美国的真实故事。一个很穷的叫亨特的男青年真心实意追求一位名叫哈斯特的女子，但哈斯特的父亲却不同意女儿嫁给他。一天，亨特勇敢地向哈斯特的父亲求婚，但得不到应允。这位父亲很不客气地对这位穷青年说："市场这么大，遍地是黄金，只有懒惰的人才会一贫如洗。如果你有本事，请在 10 天内赚 1000 美元给我看看。"

当时穷得连 10 美元都没有的亨特，为了争一口气，开动脑筋，整天整夜地思考赚钱的事。他苦思了几天之后，终于想出了用一小段小铁丝做成别针的小发明。亨特在大功告成之后，到专利局申请了专利，并很快把专利卖了出去，果真在 10 天之内赚到了 1000 美元。于是，他高兴地去见哈斯特的父亲，把怎么赚回 1000 美元的事一五一十地告诉他，心想这次一定大功告成。谁知哈斯特的父亲听完后不但不高兴，反而生气地说："你这个傻瓜！你怎么能把一个有价值的专利轻易地卖掉呢？那足可以值上百万美元的。你这么没有头脑、没有眼光，哈斯特怎么能嫁给你呢？"

这个充满戏剧性的故事带给企业者这样的启迪：创业是一门学问，只有眼光独到、看得深远，你才容易发现赚钱的机会。

从来没有人会想到小小的纸盒也能赚大钱。赚惯大钱的东京人，对做纸盒这样的小生意向来是不屑一顾的。特别是书套纸盒这类玩意儿，价格低廉，没多少油水利润可赚。所以，纸盒行的老板们一向不插足这种生意，把它推给书籍装订商；而书籍装订商又一脚把它踢给了纸盒行。

书套纸盒实在太难做了，外观要求高雅漂亮不说，特别是尺寸要求不像水果包装盒那么宽松，也不像糕点盒那样留有较大的余地。它必须要求书籍跟书盒严丝合缝、十分吻合，稍有差异就是废纸一堆。

面对如此难题，日本东京有一个人却看到了创业的曙光。这个人的憨傻之处，正是这一帮精明人疏忽之处。拿现在时髦的话来说，这正是一个市场饱和期新的经济增长点。

既然人们对书套纸盒的生产没有兴趣，那么就说明这一市场空间没有任何人前来挤占。只要自己能好好把握住，就能大赚一笔。于是，这个叫长泽三次的年轻人出手了。

众人对书套纸盒兴趣缺乏，主要在于它的制作要求太高，耗时费工。可是长泽三次却想了个鬼点子，把这套烦琐的工序简化了，把难事变得简单了。他首先准备拿书套纸盒的制作程序开刀，将它予以分解。他发现，整个看似烦琐的程序中只有 1/10 的部分需要熟练的技术，而其余部分，任何一个没有经过专业训练的家庭妇女都会做。把握了这一关键，从此，这生意就完全属于他了。

一个独具慧眼的观察力、一个技术秘密的分解，这使得人人退避三舍的行业变成了一个通过简单技术就能发财的热门行业。不过，即使有人发现这是一门赚钱的生意也只能望而兴叹，因为没人有长泽三次那样分解技术的能力。

没几年，一无所有的长泽三次便坐上了全日本书套纸盒业的第一把交椅。随着审美眼光十分苛求的日本人对书籍包装无止境的要求，长泽三次的公司行情也更加看涨。

由此可见，成事需要独到的眼光，要善于从平凡的事物中捕捉商机。据《史记·货殖列传》记载：秦末战乱之中，各方豪杰争取金玉，而一个姓任的"独窖仓粟"。以后，楚汉相战淮阳，"民不得耕种，米石至万，而豪杰金玉俱归任氏。"任氏致富的原因就在于他正确地预测社会形势对商业的影响，取得成功。又据《夷坚志》载：宋代绍兴十年七月，临安城烧起一场大火，一位姓裴的商人宁愿放弃自家在火灾区的店铺，组织人力四处采购建房材料。火灾过后，市场急需建房材料，朝廷给予免税优惠，因而裴氏借机经营建筑材料获得巨额利润，大大超过了自家店铺在火灾中的损失。裴氏正是因为眼光独到而因祸得福。

独到的眼光不是天生就有的，它建立在科学与理性的基础上。要想练就一双独到的慧眼，你首先需要研究以下四个方面：

1. 当前社会的热点

20 世纪末，英国王子查尔斯准备耗资 10 亿英镑在伦敦举行 20 世纪最豪华的婚礼。消息一经传出，立即成为社会热点。而精明的商人都绞尽脑汁，想趁机赚一笔。糖果厂将王子、王妃的照片印在糖果纸和糖果盒上，纺织印染厂设计了有纪念图案的各种纺织品，食品厂生产了喜庆蛋糕与冰激凌，除此之外还有纪念章等各类喜庆装饰品和纪念品，就连平常无人问津的简易望远镜，也在婚礼当天被围观的人群抢购一空，众多厂家为此大大地赚了一笔。

社会在发展，热点层出不穷，只要你留心观察，在你的周围每天都会有大大小小的热点和公众的话题。20世纪90年代，申办奥运会热、亚运会热、香港回归热、足球热、股票热、房地产热，等等。热点不断；你所生活的城市和社会也会有局部的热点，如举办鲜花节、啤酒节、旅游节、经贸洽谈会、申办卫生城市等。对政治家来说，热点是政绩和社会繁荣的象征；对普通市民来说，热点是景象，是热闹，是茶余饭后的话题；对精明的商人来说，热点就是商机，就是挣钱的项目和题材。抓住热点、掌握题材、独具匠心就能挣钱。同时，你也要注意潜在热点的预测和发现，在热点还没有完全热起来之前，就要有所发现和准备，在别人没有发现商机前，你能发现商机就更胜一筹。

拿出笔和纸，把你所感受到的当前的社会热点和潜在的热点一一列出，看一看与热点相关的市场是否具有现实的、潜在的需求，这就是你挣钱的着眼点。

2. 大家都在做什么

如果你既缺乏本钱、又没有什么经商的经验，你不妨研究一下大家都在做什么，先随大流也不失为一种切实可行的选择。看看市面上什么东西最畅销、什么生意最好做，你就迅速加入这个行业中去。当然，别人做能挣钱，并不见得你去做也挣钱，关键是要掌握入门的要领。为此，你不妨先给别人打工，向做得好的人虚心学习他们经营的长处，摸清一些做生意的门道，积累必要的经验与资金。学习此行业的知识和技能，发现他们经营中的不足之处，这有助于在你自己做的时候力争加以改进。

同样地，你可以拿出笔和纸，把你所观察和了解到的、目前大家都在做的项目一一列下来，然后分析一下这些项目对你来说的可行性。

3. 生活节奏的变化

现代生活节奏越来越快，越来越多的人接受了"时间就是生命""时间就是金钱"的价值观念。快节奏的生活方式必然会产生新的市场需求，用金钱购买时间是现代都市人的必然选择。精明的生意人看到这一点，做起了各种各样适应人们快节奏生活需求的生意。比如在吃的方面，方便食品和各种快餐应运而生，其市场潜力十分巨大。中国人口众多，随着人们生活水平的提高和生活节奏的加快，必然要求快餐食品品种更多、数量更大、服务质量更好，这方面市场拓展还大有文章可做；在穿的方面，由于生活节奏加快，人们偏爱随意、自然、舒适、简洁的服装，除非出席正式重要场合，较少穿着一本正经的西服；在行的方面，拥有私家车对先富起来的人来说已成为现实，出租业已由城市向乡村发展，围绕着交通和汽车用品市场展开生意，前景也十分广阔；通讯业迅速崛起，各类通信工具不断更新，这方面的商品及服务需求也会不断增加。

另外，人们还可以围绕着适应生活的快节奏开展一些服务项目，如家务钟点工、维修工、物业管理服务、快递、送货服务、上门装收垃圾、电话订货购物、为老年人预约上门理发、看病治疗等都是可以进行的项目。

不妨建议你围绕着生活节奏加快、围绕着人们的衣食住行和生活服务各个方面细细想一想，然后拿出笔和纸，写出与此相关的赚钱项目。

4. 人们生活方式的变化

在人们的温饱问题解决之后，更多想到的是享受生活、追求个性完美。围绕着生活方式、生活观念的改变，人们就会产生更多新的市场需求。

爱美之心，人皆有之。首先，人们会追求自身的美，希望能青春永驻、潇洒美丽，这以收入较高的城市中青年女性最为突出。她们需要各种各样的护肤美容商品和美容服务。除了女性，男性也爱美，男人用美容商品、进美容院今天也不是新鲜事了。不仅年轻人爱美，中老年人也爱美。人们不仅追求自身美，也关注与自身有关的美，如自己穿的衣服、用的东西、住的房间等也要不断追求美。围绕着人们对美的追求做文章，你会发现这方面的市场潜力巨大。

人们不仅追求美，而且还会追求健康，身体健康长寿是每个人的良好愿望。围绕着人们追求健康长寿的心理也会有许多商机，如现在都市兴起的各类健身房、健美俱乐部、乒乓球馆、保龄球馆等。随着人们生活水平的日益提高，这方面的需求还会不断地增加。

人们物质生活富裕后，自然要求丰富多彩的精神文化生活。向人们不断提供丰富多彩、高雅的精神文化产品和相关服务也正逐步形成一种新的产业。双休日的实行，节假日的增多方便了人们闲暇时走出家门，而走出国门、到外面世界走走看看的人也越来越多，与此相关的旅游服务业和各种旅游产品的发展前景也十分广阔。

总之，社会在发展，人们的生活观念、生活方式在逐渐发生变化，认真地研究这些变化，研究它们带来的现实的需求和潜在的需求，这些将是你挣钱的着眼点。

像雄鹰一样俯视

广西的小伙子覃某，在 2003 年春节后乘坐火车到了深圳。当时他怀揣 10000 元钱，一心想到深圳的城乡地带开一家小商店。等他到深圳一看，才发现 10000 元钱太少了，根本不够开店的费用。但他仍不死心，在深圳的各个工业区周围晃荡，试图接手一个便宜的小商店。

时间一天一天过去，覃某始终没有找到一家合适价位的店子，他口袋里的钱也越来越少。

当他只有 5000 元钱时，他感到绝望了。他觉得深圳已不是他创业的地方，但又不愿回家。无奈之中，他拨通了北京一位远房叔叔覃先生的电话，他是北京一家服装店的老板。覃先生无意之中听小覃说他在深圳世界之窗附近打电话，便追问世界之窗内是否有民俗园。在得到小覃的肯定答复后，覃先生指引了小覃一条生财之路：把家乡土产的民族服装放到民俗园卖纪念品的小店代销。

小覃听完后，到民俗园与几个店主谈妥代销的业务，然后坐火车回家乡，收购了一批质量上乘的壮族服装服饰，做起了服装生意。

由于小覃是壮族人，能收购到价钱低而质量好的壮族服装，因此他的服装在深圳民俗园销路看好。几个月后，小覃电告北京的叔叔，他在深圳的生意已上正轨，供销两旺，并打算来北京的几个旅游点考察市场。小覃当初南下，一心想开一家小商店，因此其视野一直锁定在一个狭窄的空间里，幸亏覃先生一番话才让他如梦初醒，找到一项真正适合自己的生意。

这个故事带给欲成大事的人很多意义：比如多求教于别人，比如认清自己的长处。而最重要的意义就是不要拘泥于最初的某一想法和打算，要对事情作雄鹰式的全局俯视。

不让变局逃出法眼

虽说人生无常，但许多的结局，我们还是可以从人们平日的所作所为、或与其交往的人、或所处的环境中看出一些蛛丝马迹，解读出能预示吉凶祸福的一些密码。下面的段落为大家讲述了李琰的故事，借以说明洞察力的重要性。

李琰，唐肃宗的儿子，被封为建宁王。李琰不但生性聪慧，英明果断，且武功超群，有万夫不当之勇。文韬武略的他深得军中将士的爱戴，大家经常在一起谈论他的才能和武功，说者津津乐道，听者如醉如痴。于是，肃宗皇帝想任命李琰为兵马大元帅，统领大军去东征。

丞相李泌知道后，对肃宗说："建宁王确实很有才能，从文从武上说，这次东征的元帅当非他莫属，但是有件事您不要忘了，他还有一个哥哥广平王在呢。您把全国的主要兵力都由建宁王带走，他又有很高的名望，那广平王会很不舒服的。如果此次东征失利，那也罢了，如果大获全胜，建宁王和广平王谁轻谁重，天下人都会了然于胸了。"

肃宗摆手道，"先生大可不必为此担心，广平王乃是我的第一皇子，将来是要继承帝位的，他不该将一个元帅的位置看得太重的。"

李泌回答："皇上所言极是，可目前广平王还未被立为储君，外人也都不知道您的想法。再说，难道只有长子才能立为太子吗？在太子未立之时，元帅之位就为万人所瞩目。在世人眼中，也就是谁当了元帅，谁就最有可能成为太子。假如建宁王当了元帅并在东征中立大功，到了那时，陛下您即使不想让他当太子，建宁王自己也不想当太子，可是，那些建功立业的将士们又岂肯干休呢？如果封赏稍有差池，他们便会借机实行兵变，拥立建宁王当太子，到时形势所逼，建宁王怎能推却？我朝初年的太宗皇帝和太上皇玄宗的例子，不就是前车之鉴吗？"

李泌的一席话，使肃宗恍然大悟，于是下令任广平王李淑为天下兵马大元帅，挂印东征。

身为丞相的李泌，通过唐初的玄武门事件，很快洞悉如果任命建宁王为兵马大元帅，会为将来引来宫廷政变，洞察力之强，使得一场纷争消弭于无形。

其后不久，肃宗渐渐昏庸，受到张良娣、李辅国迷惑，形势渐渐对丞相李泌不利，更对太子李淑不利。情况非常玄妙诡异。建宁王也已成为一个屈死冤魂。

这天，李泌对肃宗说："皇上，你我君臣一场，您知我没有功劳也有些苦劳，现在我年事已高，头脑昏庸，身心俱疲，不再适合做丞相一职了。请您允许我告老还乡做个闲人吧。"

肃宗大惊，"你我君臣患难多年，正该和我共同享福的时候，你为什么要离去呢？"

李泌答："细说起来，我有五种原因不可再留。此时您让我离去，等于免我一死。"

肃宗大诧："何为五不可留。"

李泌坦称："我与您相遇太早，委任我官职太重，宠信我太深，我功劳偏高，我的事迹太奇，是也。您此时不让我走，等于杀了我一样。"

肃宗大笑："先生太过虑了，你什么罪都没有，我为什么要杀你呢？"

李泌说："正因为现在您还没理由杀我，所以我才敢请求归隐山林啊。否则我又怎敢说？况且我说自己会被杀，原因不在您，是指上面的五种原因啊。"

肃宗说："是不是你要北伐，我没有采纳，你就生气了呢？"

李泌答："不是。我是因建宁王之死。"

肃宗道："建宁王听小人话，谋害忠良，想夺储位，难道罪不该杀吗？"

李泌道："建宁王若有夺位之心，广平王就会恨他，可广平王每次与我谈他，都替弟弟喊冤，泪流不止。另外，阻止他当兵马大元帅的是我，他应该恨我。可他为什么对我很亲善，认为我是忠臣呢？"

肃宗道："看来是我错了，但木已成舟，我不想再提他了。"

李泌道："过去的就过去了。我今天想给您念一首《黄瓜台》词：一摘使瓜好，再摘使瓜稀，三摘尤可为，四摘抱蔓归。您已摘下一个，千万别摘了。"

"太深刻了。我记住了先生之言。"肃宗答。

李泌和肃宗谈后，即遁入衡山……

后来虽有张良娣、李辅国中伤太子，但有李泌提醒肃宗在前，太子得以安然。

洞察能力强的人，不但能趋利避害，明哲保身，使自己的事业顺水顺风，而且还往往能通过一些现象，洞穿本质，避免误打误撞，空耗时间、金钱，有时甚至能兵不血刃而退敌千里。为此，美国的霍姆斯曾说："瞬间的洞察力，其价值有时相当于毕生的经验。"

汉高祖刘邦，龙廷初坐，来不及享乐，北方匈奴又成了他一块心病：匈奴大举南侵，掠牛马烧房屋，杀人越货，气焰嚣张。为了除此心腹大患，刘邦遂率大军 30 万，御驾亲征。

这日，大军进入白登山（今山西大同市北），被匈奴单于冒顿早已埋伏好的几十万剽悍人马围住，左突右冲昼夜混战 7 天，汉军死伤无数，血水染红了厚土，且断粮缺草，情形已相当危急。

到了第八日，刘邦正于帐中紧锁愁眉苦思良策之时，谋士陈平忽然求见。

"启禀皇上，臣有一计，不知可行否？"

"快快请讲！"刘邦此时正心急如焚，赶忙询问。

陈平上前向刘邦附耳道："臣昨日听探子报，说冒顿这个人喜好女色，一日也少不了美女，偏偏他夫人阏氏又是一个出了名的醋坛子，一阵河东狮吼，倒也能将冒顿镇住。因此冒顿每次南侵，她都要在左右监督，冒顿虽凶悍，但因有把柄握在其夫人手中，对她倒也言听计从，我计划……"

此时也没有其他更好的办法，于是，刘邦答应了陈平。

陈平与一使者做了一番精心准备，打扮成匈奴兵的模样，悄悄下山，混入匈奴大营之中，又潜于单于皇后阏氏的帐前。偷眼看去，见帐中只有阏氏一人，便掀起帐帘，走了进去。

阏氏见自己帐中突现两个陌生人，厉声喝道："什么人如此大胆，敢私闯我的大帐？"

陈平上前一弯腰，朗声道："恳请皇后息怒，我乃汉朝使者，特向单于讲和。"

阏氏一听是汉朝使者，说道："单于不在这里，可到前帐找他。"

陈平轻声道："遵命，只是我这里有汉朝皇帝送给皇后您的礼物，我想请您过一下目。"说完，陈平从使者的兜里掏出许多金银珠宝及各种名贵饰物。

这些珍宝甫现，顿见流光溢彩，满帐生辉。阏氏两眼顿时放光，轻轻地拿起来，抚摸着，口中惊叹不已，看来这些珍宝对久居漠北的她产生了很大的诱惑力。

一旁正在察言观色的陈平见火候已到，便说："皇后，我们汉朝皇帝听说单于喜欢美女，特意挑了 300 名，准备送给单于。这幅美人图，便是请单于先看样子的，如果单于满意，汉朝可是美女如云，不过先请皇后过过目，以防真送来了，连您也看着不顺眼。"

陈平说完，将一轴画卷徐徐展开，只见画上美女，真有沉鱼落雁之容，闭月羞花之貌，肌肤胜雪，千娇百媚。

　　阏氏本就对冒顿喜欢女人放心不下，又气恼不过，听了陈平一段话，又见了美人图，心中不禁醋意大发。她想：怪不得单于每每都要攻掠中原，原来醉翁之意不在酒啊！倘若他见到了这些美人，哪里还有我的好日子过？

　　阏氏气得浑身发抖，脸都变了颜色，但有汉朝使者在，只得咬着牙不发作。

　　陈平见阏氏中了自己无中生有之计，心中甚喜，便对她说："时间紧迫，我们皇上那边还等复命。您是否请单于过一下目，也好退兵啊？"

　　阏氏连忙说："不必了，你们将礼品放在这，可以回去复命了，我让单于退兵就是了。"

　　陈平进而道："皇后，这可是军国大事呀，还是请单于当面定夺才好。"

　　阏氏大怒，双眼一瞪："怎么，来使莫非信不过我吗？"

　　陈平装作诚惶诚恐的样子："岂敢，只是——"

　　"休要废话！我说退兵就退兵，单于照样得听我的！"阏氏恨恨地说。

　　陈平连忙点头称是，转身退出，悄然回到汉营。

　　刘邦听罢陈平的叙述，对匈奴退兵还有些将信将疑。待到第二天天一亮，发现匈奴都不见了，刘邦对陈平说："陈平啊陈平，你简直就是阏氏肚子里的蛔虫，她的心思被你摸得一清二楚啊！"

　　有句成语叫见微知著，意思是从细小的枝节上能看出大问题，这就需要练就很强的洞察力。

　　对问题洞察得越透彻、越明晰，就越能找准解决问题的切入点，掌控事情的发展。只有这样，才能有的放矢，百发百中。

　　要想使你的人生处处闪烁智慧之光，洞察力的修炼是十分重要的。

第六章
因势利导，扭转局势

　　选手与高手的分别，常常只在于面临不利局势时化解水平的高低。人生不如意有千种，但应对之法却有万般。如何洞悉不利局势中的关键问题？如何妥善采取措施来扭转局势？

　　孙子云：因势而变，谓之神也。这句话不仅明示了"因势而变"可以获得巨大的好处，也暗示了"因势而变"之艰难。难就难吧，又怕什么呢？如果没有难作为门槛，又如何区别人之伟大与平庸、高手与选手呢？

失德与失势的关系

失势总是有原因的，但品德的败坏却是首要的一环。古语说："得道者多助，失道者寡助。"可见失德与失势的因果关系和内在联系。失势者往往看不到"德"的力量和作用，他们有势时不讲操守，不养其德，失势时怨天尤人，不深刻反省自己，这真是很可悲的。重势不重德，是小人的行为；重德不重势，是君子的行为。德在势先，势在德后，如果在此本末倒置，定会惨败收场。

有这么一个故事。

一个商人对一个男孩说："你想找活干吗？"

"当然！"男孩回答。

"但是你必须向我证明你有良好的品德！"

"当然可以！"男孩回答："我马上就去找曾经雇用过我的老板。"

"那好，你去把他找来吧，我需要和他好好谈谈你的事情。"

但是男孩去了之后，再也没有露面。几天后，商人又遇见了那个男孩，就问男孩怎么没有来找自己。

男孩回答说："因为我以前的老板同我谈了您的品德。"

人之所以成为人，与动物的很大区别就在于自己的社会性。社会性越强，对人的品德要求就越高。每个人都需要具有良好的品德，因为社会对我们提出了这样的要求，没有品德的社会是不可想象的社会。品德实际上在某种程度上就是一种无形的约束，有时甚至比法律的约束还有意义。

通常情况下，一个社会如果道德败坏，那么这个社会就面临着危机。法国在大革命以前是一个教会制的国家，就是因为社会的上层阶级——教士阶层道德沦丧，结果在某种程度上促进了革命的发展。在法国著名剧作家莫里哀的戏剧中就描述了许多道德沦丧的伪君子，其中最著名的伪君子——答尔丢夫，已经成为伪君子的代名词。

商人出于自己经商的目的，自然要对自己的雇员提出品德上的要求，可是在别人提出品德要求的时候却往往忽略了对自己的要求。难怪前面故事中的男孩说："我听以前的老板说起了你的品德。"他没有继续说下去，但是我们可以感觉到他的潜台词是：有些商人的品德不好！最后的结局肯定是男孩不会去为商人工作。

品德是一个人立世的根基。这个根基深厚而扎实的人，就能在社会上站得更稳、走得更健、吃得更开。一个品德败坏的人，即使权势炽盛，也如同秋后的蚂蚱，蹦不了多久。古人云：德有失而后势无存也。面临失势，人首先应该反省的是：是否是因为自己的品德出了问题而导致的恶果？如果原因出在品德上，要想挽回局势绝非一日之功。你唯有洗心革面，痛改前非，方有东山再起之机会。然而，面临失势，几乎没有人会怀疑自己的品德有什么问题，就像我们前面提到的那个商人一样，他喜欢用品德的标尺去度量别人，却不愿度量自己。然而，社会对他们品德的认同程度却并不像他们想象的那样白璧无瑕和无可挑剔，这是为什么呢？答案可能有两个：一是他们对自己品德的要求也许并不很高，距离人们普遍认同的道德标准可能还差得较远；二是他们可能缺乏个人品德的塑造和表现技巧。只有让自己优秀的品德内化为一种原本的动力，然后再通过自己的言行充分表现出来，这样的品德才会产生积极的社会意义，才会为自己的形象加分升值，增光添彩。

美国加州的"克帕尔饮料开发有限公司"需要招聘员工，有一个叫莫布里的年轻人到这个公司去面试，他在一间空旷的会议室里忐忑不安地等待着。不一会儿，有一个相貌平平、衣着朴素的老者进来了。莫布里站了起来。那位老者盯着莫布里看了半天，眼睛一眨也不眨。正在莫布里不知所措的时候，这时老人一把抓住莫布里的手："我可找到你了，太感谢你了！上次要不是你，我女儿可能早就没命了。"

"怎么回事？"莫布里丈二和尚摸不着头脑。

"上次，在中央公园里，就是你，就是你把我失足落水的女儿从湖里救上来的！"

老人肯定地说道。莫布里明白了事情的原委，原来他把莫布里错当成他女儿的救命恩人了："先生，您肯定认错人了！不是我救了您的女儿！"

"是你，就是你，不会错的！"老人又一次肯定地回答。

莫布里面对这个感激不已的老人只能做些无谓的解释："先生，真的不是我！您说的那个公园我至今还没有去过呢！"

听了这句话，老人松开了手，失望地望着莫布里："难道我认错人了？"

莫布里深情地安慰老先生说："先生，别着急，慢慢找，一定可以找到救您女儿的救命恩人的！"

后来，莫布里在这个公司里上班了。有一天，他又遇见了那个老人。莫布里关切地与他打招呼，并询问他："您女儿的恩人找到了吗？""没有，我一直没有找到他！"老人默默地走开了。

莫布里心里很沉重，对旁边的一位司机师傅说起了这件事。不料那司机哈哈大笑："他可怜吗？他是我们公司的总裁，他女儿落水的故事讲了好多遍了，事实上他根本没有女儿！"

"噢？"莫布里大感不解，那位司机接着说："我们总裁就是通过这件事来选用人才的。他说过有德之人才是可塑之才！"

莫布里被录用后，兢兢业业，不久就脱颖而出，成为公司市场开发部经理，一年就为公司赢得了数千万美元的利润。当总裁退休的时候，莫布里继承了总裁的位置，成为美国的财富巨人，家喻户晓。后来，他谈到自己的成功经验时说："一个一辈子做有德之人的人，绝对会赢得别人永久的信任！"

　　通过这个故事，我们一方面可以看到这位总裁对录用人才在德行方面的高度重视；另一方面，我们也可以看到莫布里是一位绝对信守"德"的人才。对那些另有图谋的人来说，本来完全可以利用这位总裁的"稀里糊涂"，给自己贴上救人英雄的标签以增加被录用的概率。但莫布里却不这样做，他以德为做人之本，为自己打开人生局面奠定了最稳固的基石，所以他是通过诚信的做人之道换来了成功之本。

　　在实际生活中，我们每个人都应当像莫布里一样，把"德"字刻在心头，做一个令人放心的人，在一个相互信任的环境中工作，才能敲开成功之门。但就是有些人对此不以为然，总是为利益所驱，常常是见好事就贴上去，见坏事就躲开，把做人之本抛到九霄云外，像老鼠一样，令人生厌。这样的人可以成功一时，但绝不可能永远延续成功的脚步。所以我们非常有必要记住莫布里的那句话，并把它刻在心头，守住以"德"为准的做人之本，这样你迟早有一天会成为另外一个莫布里。

　　一个品行不洁的人，越是得势越易失势，这就好比基础不牢的大楼，盖得越高越易倒塌。

灵活应变，善于创新

在一次欧洲篮球锦标赛上，保加利亚队与捷克队相遇。当比赛只剩下 8 秒钟时，持有发球权的保加利亚队仅以 2 分优势领先，按一般比赛进程来说保加利亚队已稳操单场胜券，但是，那次锦标赛采用的是循环制，保加利亚队必须赢球超过 5 分才能淘汰捷克队赢得出线权。可要用仅剩的 8 秒钟再赢 3 分以上绝非易事。

这时，保加利亚队的教练突然请求暂停。当时许多人认为保加利亚队大势已去，被淘汰是不可避免的，该队教练即使有回天之力，也很难力挽狂澜。然而等到暂停结束后比赛继续进行时，球场上出现了一件令众人意想不到的事情：只见保加利亚队拿球的队员突然运球向自家篮下跑去，并迅速起跳投篮，球应声入网。这时，全场观众目瞪口呆，而全场比赛结束的时间到了。当裁判员宣布双方打成平局需要加时赛时，大家才恍然大悟。保加利亚队这一出人意料之举，为自己创造了一次起死回生的机会。加时赛的结果是保加利亚队赢了 6 分，如愿以偿地出线了。

如果保加利亚队坚持以常规打完全场比赛，是很难获得最终的出线权的，而往自家篮下投球这一招，颇有以退为进之妙。在一般情况下，按常规办事并不错，但是，当常规已经不适应变化了的新情况时，就应解放思想，打破常规，善于创新，另辟蹊径。只有这样，才有可能化腐朽为神奇，在似乎绝望的困境中寻找到希望，创造出新的生机，取得出人意料的胜利。

古时候，孔子居住在陈国，离开陈国到蒲国去。这时正好公叔氏在蒲国叛乱，蒲人挡住孔子对他说道："你如果不到卫国去，我们就把你送出去。"于是，孔子就和蒲人盟誓绝不到卫国去。为此，蒲人把孔子送出东门。可是，出了东门，孔子就径直向卫国走去。子贡不理解地问道："盟约也可以违背吗？"孔子答道："这种被迫订的盟约神灵是不会承认的。"

可以看出，对孔子来说，在特殊的情况下只要能够到达卫国，你提出什么条件我都可以答应，即便是说假话也在所不辞。这就叫不能死心眼儿！既然圣人都能如此做，我们凡人又何尝不能呢？

再举一个例子。张毅在同州当官，当时朝廷命他制兵器以供边关作战用。一次，朝廷急令征用 10 万支箭，并限定必须用雕雁的羽毛做箭羽。这种鸟羽价格昂贵，很难购得。张毅说："箭是射出去的东西，什么羽毛不行？"节度使说："改变箭羽应该向朝廷报告，必须先请求批示。"张毅说："我们这里离京城 2000 多里路，而边关又急需用箭，这怎么来得及呢？如果朝廷怪罪下来，本官承担一切责任！"于是便按新的标准造箭，一句话降低了购羽毛的开支，也按时完成了造箭的任务。

后来，尚书省同意了张毅的做法。

张毅和孔子的行为特点，都可称之为随机应变。但他们所面对的外界环境，并不是白驹过隙稍纵即逝，相对而言，还是有一点儿时间可以用来观察和思考的，为此，只要善于进行理性的分析判断，并且不那么"死心眼"就可以做到。

有些时候，外界环境的变化极其迅速，特别突然，令人猝不及防几乎来不及思考。究竟应做出什么样的反应才是合适的，这时的举措言行，就不应该被太多的规则所限制，毕竟，要达到主要目标才是正路。

非常时期需打破常规，善于创新，化腐朽为神奇。

锻炼耐力，等待时机

"人在失意之时，要像瘦鹅一样能忍饥耐饿，锻炼自己的忍耐力，等待机会到来。"

美国前副总统亨利·威尔逊这样说："我出生在贫困的家庭，当我还在摇篮里牙牙学语时，贫穷就已经露出了它狰狞的面孔。我深深体会到，当我向母亲要一片面包而她手中什么也没有时是什么滋味。我在 10 岁时就离开家远走异乡，当了 11 年的学徒工，每年可以接受一个月的学校教育。最后，在 11 年的艰辛工作之后，我得到了一头牛和六只绵羊作为报酬。我把它们换成了 84 美元。从出生到 21 岁那年为止，我从来没有在娱乐上花过 1 美元……"

在穷困潦倒中，威尔逊就像瘦鹅一样忍耐着。他无时不渴望着一个机会，而只要机会一来临，他注定会像饿极了的瘦鹅一样，扑在机会身上将自己吃得滚圆肥壮。在他 21 岁那年，他离开农场徒步 100 英里（约 161 千米）到马萨诸塞州的内蒂克去学习皮匠手艺。一年后，他在一个辩论俱乐部里脱颖而出，12 年之后，他与著名的查尔斯·萨姆纳平起平坐，进入了国会。

纵观人类历史上的伟大和杰出人物，他们中的相当一部分曾经有过艰辛的童年生活，甚至还备受命运的虐待，但强者总是善于找到生命的支点。他们及时调整了自己的心态，坚忍地承受着生活的艰辛，在一贫如洗的岁月里安然走过，并用恒久的努力打破了重重的围困，在脱离了贫穷困苦的同时也脱离了平凡，造就了卓越与伟大。

"舜发于畎亩之中，傅说举于版筑之间，胶鬲举于鱼盐之中，管夷吾举于士，孙叔敖举于海，百里奚举于市。故天将降大任于斯人也，必先苦其心志，劳其筋骨，饿其体肤，空乏其身，行拂乱其所为，所以动心忍性，曾益其所不能。"

这就是《孟子·告子下》的一篇被后人引为励志名言的一段话，它的大意是这样的：

舜是从干农活起家而当天子的，傅说是在筑墙的苦役中被举用为相的，胶鬲是从贩卖鱼盐的商贩里被举用的，管夷吾是从狱官看管的囚犯中被举用的，孙叔敖是在海边被举用的，百里奚是在市场上被举用的。所以上天要把重任交给某个人时，一定先使他的心志困苦，使他的筋骨劳累，使他的躯体饥饿，使他的身家困乏，扰乱他，使他的所作所为都不顺利，为的是要激发他的心志，坚忍他的性情，增加他所欠缺的能力。

其实这篇文章我们很多人都在中学时代读过，之所以在中学时代教科书中收入这篇文章，是因为这篇文章的价值，可惜中学生还不曾经历过太多人生，根本无从体会孟子的苦口婆心。不过，中学时代不懂得这篇文章的价值没关系，现在你已踏入社会，再回头来读它，一点也不迟。

临危不乱，理智应对

　　有人面对危难之事狂躁发怒，乱了方寸。而成功者却总是临危不乱，沉着冷静，理智地应对危局，之所以能这样，是因为他们能够冷静地观察问题，在冷静中寻找出解决问题的突破口。可见，让过度发热的大脑冷静下来对解决问题是何等重要。

　　思考决定行动的方向。那些能成大事的人，差不多都是正确思考的决策者。很显然，成大事源自正确的决策，正确的决策又源自正确的判断，正确的判断源自经验，而经验又源自我们以往的实践活动。人生中那些看似错误或痛苦的经验，有时却是最可宝贵的财产。在纵观全局、果断决策的那一刻，你人生的命运便已经注定。两强相争勇者胜，成大事者之所以成功，就在于他决策时的智慧与胆识，在于他能够及时排除错误之见。正确的判断是成大事者一个经常需要训练的素养。为什么呢？因为没有正确的判断，就会面临更多的失败和危急，而在失败和危急关头保持冷静是很重要的。在平常状况下，大部分人都能控制自己，也能作正确的决定。但是，一旦事态紧急，他们就会自乱脚步，无法把持自己。

　　一位美国空军飞行员说："二次大战期间，我独自担任 F6 战斗机的驾驶员。头一次任务是轰炸、扫射东京湾。从航空母舰起飞后一直保持在高空飞行，到达目的地的上空后再以俯冲的姿态执行任务。"

　　"然而，正当我以雷霆万钧的姿态俯冲时，飞机左翼被敌军击中，顿时翻转过来，并急速下坠。"

　　"我发现海洋竟然在我的头顶。你知道是什么东西救我一命的吗？"

"我接受训练期间，教官会一再叮咛说，在紧急状况中要沉着应付，切勿轻举妄动。飞机下坠时我就只记得这么一句话，因此，我什么机器都没有乱动，我只是静静地想，静静地等候把飞机拉起来的最佳时机和位置。最后，我果然幸运地脱险了。假如我当时顺着本能的求生反应，未待最佳时机就胡乱操作了，必定会使飞机更快下坠而葬身大海。"他强调说，"一直到现在，我还记得教官那句话：'不要轻举妄动而自乱脚步；要冷静地判断，抓着最佳的反应时机。'"

面对一件危急的事，出于本能，许多人都会做出惊慌失措的反应。然而，仔细想来，惊慌失措非但于事无补，反而会添出许多乱子来。试想，如果是两方相争的时候，自己一方突然出现意想不到的局面，而对方此时乘危而攻，那岂不是雪上加霜吗？

所以，在紧急时刻，临危不乱，处变不惊，以高度的镇定，冷静地分析形势，那才是明智之举。

唐宪宗时期，有个中书令叫裴度。有一天，手下人慌慌张张地跑来向他报告说，他的大印不见了。在过去，为官的丢了大印，那可真是一件非同小可的事。可是裴度听了报告之后却一点也不惊慌，只是点头表示知道了。然后，他告诫左右的人千万不要张扬这件事。

左右之人看裴中书并不是他们想象那般惊慌失措，都感到疑惑不解，猜不透裴度心中是怎样想的。而更使周围的人吃惊的是，裴度就像完全忘掉了丢印的事，当晚竟然在府中大宴宾客，和众人饮酒取乐，十分逍遥自在。

就在酒至半酣时，有人发现大印又被放回原处了。左右手下又迫不及待地向裴度报告这一喜讯，裴度却依然满不在乎，好像根本没有发生过丢印之事一般。那天晚上，宴饮十分畅快，直到尽兴方才罢宴，然后各自安然歇息。

而后，下人始终不能揣测裴中书为什么能如此成竹在胸，事过好久，裴度才向大家提到丢印当时的处置情况。他教左右说：
"丢印的缘由想必是管印的官吏私自拿去用了，恰巧又被你们发
现了。这时如果嚷嚷开来，偷印的人担心出事，惊慌之中必定会
想到毁灭证据。如果他真的把印偷偷毁了，印又何从而找呢？而
如今我们处之以缓，不表露出惊慌，这样也不会让偷印者感到惊
慌，他就会在用过之后悄悄放回原处，而大印也不愁失而复得。
所以我就如此那般地做了。"

从人的心理上讲，遇到突发事件，每个人都难免产生一种惊
慌的情绪，问题是该怎样想办法控制。

楚汉相争的时候，有一次刘邦和项羽在两军阵前对话，刘邦
历数项羽的罪过。项羽大怒，命令暗中潜伏的弓弩手几千人一齐
向刘邦放箭，一支箭正好射中刘邦的胸口，伤势沉重，痛得他不
得不伏下身来。主将受伤，群龙无首，若楚军乘人心浮动发起进
攻，汉军必然全军溃败。猛然间，刘邦突然镇静起来，他巧施妙
计：在马上用手按住自己的脚，大声喊道："碰巧被你们射中了！
幸好伤在脚趾，并没有重伤。"军士们听此话顿时稳定下来，终
于抵住了楚军的进攻。

西晋时，河间王司马顺、成都王司马颖起兵讨伐洛阳的齐王
司马冏。司马冏看到二王的兵马从东西两面夹攻京城惊慌异常，
赶紧召集文武群臣商议对策。

尚书令王戎说："现在二王大军有百万之众，来势凶猛，恐
怕难以抵挡，不如暂时让出大权，以王的身份回到封地去，这是
保全之计。"王戎的话音刚落，齐王的一个心腹就怒气冲冲地吼
道："身为尚书理当共同诛伐，怎能让大王回到封地去呢？从汉
魏以来王侯返国有几个能保全性命的？持这种主张的人就应该
杀头！"

王戎一看大祸临头，突然说："老臣刚才服了点寒食散，现
在药性发作要上厕所。"说罢便急匆匆走到厕所，故意一脚跌了
下去，弄得满身屎尿臭不可闻。齐王和众臣看后都捂住鼻子大笑

不止。王戎便借机溜掉，免去了一场大祸。

　　正因为王戎很有冷静的头脑，才在危急之下身免一死。此事无疑给后人以启示：遇事要沉着冷静，静中生计以求万全。

　　水静才能照清人影，心静方可看透事物。

反向思考，另辟蹊径

根据经典的相反趋势理论，人在逆境的时候，孕育的正是反向思维的最佳机会，所以有"失败是成功之母"一说。身临绝地，按常规出牌，往往必败无疑，若能独辟蹊径，或可起死回生。

从前，有位商人和他长大成人的儿子一起出海远行。他们随身带上了满满一箱子珠宝，准备在旅途中卖掉，他们没有向任何人透露过这一秘密。一天，商人偶然听到了水手们在交头接耳。原来，他们已经发现了他的珠宝，并且正在策划着谋害他们父子俩，以掠夺这些珠宝。

商人听了之后吓得要命，他在自己的小屋内踱来踱去，试图想出个摆脱困境的办法。儿子问他出了什么事情，父亲于是把听到的全告诉了他。

"同他们拼了！"年轻人断然道。

"不，"父亲回答说，"他们会制服我们的！"

"那把珠宝交给他们？"

"也不行，他们还是会杀人灭口的。"

过了一会儿，商人怒气冲冲地冲上了甲板，"你这个笨蛋！"他冲着儿子大喊道，"你从来不听我的忠告！"

"老头子！"儿子也同样大声地说，"你说不出一句让我中听的话！"

当父子俩开始互相谩骂的时候，水手们好奇地聚集到周围，看着商人冲向他的小屋，拖出了他的珠宝箱。"忘恩负义的家伙！"商人尖叫道，"我宁肯死于贫困也不会让你继承我的财富！"说完这些话，他打开了珠宝箱，水手们看到这么多的珠宝时都倒吸了一口凉气。而此时，商人又冲向了栏杆，在别人阻拦他之前将他的宝物全都投入了大海。

又过了一会儿，父与子都目不转睛地注视着那只空箱子，然后两人躺倒在一起，为他们所干的事而哭泣不止。后来，当他们单独一起待在船舱里时，父亲说："我们只能这样做，孩子，再没有其他的办法可以救我们的命了！"

"是的，"儿子答道，"只有您这个法子才是最好的。"

轮船驶进了码头后，商人同他的儿子匆匆忙忙地赶到了城市的地方法官那里。他们指控了水手们的海盗行为和犯了企图谋杀罪，法官派人逮捕了那些水手。法官问水手们是否看到老人把他的珠宝投入了大海，水手们都一致说看到过。法官于是判决他们都有罪。法官问道："什么人会舍弃掉他一生的积蓄而不顾呢，只有当他面临生命的危险时才会这样做吧？"水手们听了羞愧得表示愿意赔偿商人的珠宝，法官因此饶了他们的性命。

故事中这个久经磨炼的商人冷静得确实高人一筹，而这种绝处求生的应变智慧，使他和儿子既保住了性命，又使钱财失而复得。

"山重水复疑无路，柳暗花明又一村"，人有逆天之处，但天无绝人之路。生活中，不管我们遇到什么样的艰难险阻，都不要轻言放弃。上天总会在我们最绝望时给我们留下一线生机，只要我们善于抓住这些转瞬即逝的机遇，就能转危为安，重新扬起希望的风帆。

一场由雷电引发的森林火灾烧毁了保罗美丽的森林庄园，伤心的保罗想贷款重新种上树，恢复原貌，可是银行拒绝了他的贷款申请。一天，他出门散步，看到许多人在排队购买木炭。保罗忽然眼前一亮，他雇了几个炭工，把庄园里烧焦的树木加工成优质木炭，分装成1000箱，送到集市上的木炭分销店。结果，那1000箱的木炭没用多久便被抢购一空。这样保罗便从经销商手里拿到了卖木炭得来的一笔数目不小的钱。在第二年春天，保罗又购买了一大批树苗，终于让他的森林庄园重新绿浪滚滚。一场森林大火，免费为保罗烧出了上等的木炭。

局势可预而又不可预，这就是所谓的"命运"的魔力。不可预知的逆境是对我们生命的考验。保罗处变不惊，沉着应对，化解了危机。在经受挫折的时候，我们也应像保罗一样调整好心态，保持住清醒的头脑，坦然面对危机，在绝望之中找到另一种前进的动力。切记，如果面对危机自己先乱了阵脚，不但找不到新的出路，而且还容易做出错误的决策，造成更大的损失。

当然，不是任何危机都可以利用，都能取到意外的收获。但是，如果我们善于把握时机，沉着面对困境，就能把危机造成的损失降低到最低程度。山重水复疑无路，柳暗花明又一村。

要善于看到问题的根本

有些人有时会把一些简单的事情复杂化，越去研究它，就越觉得难以战胜它。实际上，很多时候，解决某些问题只需一个简单的意念，一个直觉，并且照着你的直觉去做，这样就可能把自己从令人身心俱疲的思想缠绕中解救出来——看到问题的根本，原来事情就这么简单。

英国某家报纸曾举办过一项高额奖金的有奖征答活动。题目是：在一个充气不足的热气球上，载着三位关系世界兴亡命运的科学家。

第一位是环保专家，他的研究可拯救无数的人们，免于因环境污染而面临死亡的噩运。

第二位是核子物理专家，他有能力防止全球性的核战争爆发，使地球免于遭受灭亡的绝境。

第三位是农业专家，他能在不毛之地，运用专业知识成功种植粮食，使几千万人脱离因饥荒而亡的命运。

此刻热气球即将坠毁，必须至少扔出一个人以减轻载重，其余的两人才有可能存活——如果继续超重，还可能需要再扔下一个人，请问该丢掉哪位科学家？

问题刊出之后，因为奖金的数额相当庞大，各地答复的信件如雪片般飞来。在这些答复的信中，每个人皆竭其所能，甚至天马行空地阐述必须扔掉哪位科学家的宏观见解。

最后结果揭晓了，巨额奖金的得主是一个小男孩。

他的答案是——将最胖的那位科学家扔出去。

您比较想将哪位科学家扔出去呢？

这当然是一种找噱头式的炒作，但这个小男孩睿智而幽默的答案，是否也同时提醒了许多聪明的大人们：最单纯的思考方式，往往会比复杂地去钻牛角尖，更能获得好的成效。

尽管解决疑难问题的好方式有很多，但归纳起来只有一种，那就是真正能切合该问题的实际，而非自说自话、脱离问题本身的盲目探讨。所以，往后如遭遇任何困境，我们不妨先仔细想清楚，问题真正的重点何在。

我们可以通过单纯化的思考，将这种思考的方式模式化，训练成为日常的习惯。经过反复的应用，假以时日，您将不会再为问题复杂的表象所困惑，而拥有足够的智慧，得以找出自己能够处理解决的答案来。

世界上有许多事原本都很简单，却因为人们复杂的思维模式而变得复杂。人们和这些复杂问题不断地斗争，并且依据各种理论、各种经验，用一些连自己也不明确的方法来解决问题。实际上，解决这些复杂的问题，最好的方法往往就是运用简单思维。

一个农民从洪水中救起了他的妻子，他的孩子却被淹死了。事后，人们议论纷纷。有人说他做得对，因为孩子可以再生一个，妻子却不能死而复活。有人说他做错了，因为妻子可以另娶一个，孩子却没办法死而复活。

哲学家听说了这个故事，也感到疑惑难解，他去问农民。农民告诉他，他救人时什么也没有想。洪水袭来时，妻子在他身边，他抓住妻子就往山坡游，待返回时，孩子已被洪水冲走了。

假如这个农民将这个先救谁的问题复杂化，事情的结果又会是怎样呢？

洪水袭来了，妻子和孩子被卷进漩涡，片刻之间就要没命了，而这个农民还在山坡上进行抉择，救妻子重要呢，还是救孩子重要？也许等不到农民继续往下想救妻子还是救孩子的利弊，洪水就把他的妻儿都冲走了。

人们经常把一件事情想得非常复杂，在做事之前思前想后，再三权衡利弊。之所以常犯这种毛病，问题就出在"把一切复杂化"上，这样就有意无意地给自己设置了许多"圈套"，在其中钻来钻去。殊不知解决问题的方法反而在这些"圈套"之外。

记住这样一句话吧：聪明的人把复杂的事情简单化，愚蠢的人常把简单的事情复杂化。为什么偏要自己和自己较劲呢？值得吗？

一些自以为聪明的人，总是喜欢将简单的问题复杂化。

丢卒保车，才是取胜之道

有所得必有所失，有时为了全局利益，不得不舍弃一些局部利益，正如下围棋或下象棋时常用的一招那样：弃子而保全局。

汉高祖刘邦死后，惠帝刘盈于公元前 194 年继承皇位。刘盈的同父异母兄弟刘肥此前已受封为齐王，惠帝二年，刘肥进京来朝见刘盈，刘盈则以兄长礼节在吕太后面前设宴招待刘肥，并以一家的长幼之序让刘肥坐在上座的位置上。吕太后见后非常不高兴，暗中派人在酒中投了毒药，并令刘肥为自己祝寿，企图杀了刘肥。

不料，不明真相的惠帝刘盈也一同拿着斟满了酒的杯子，起身为吕太后祝福。吕太后非常着急，赶忙拉着惠帝的酒杯把酒泼在地上。刘肥在一旁感到很奇怪，因而也不敢喝那杯酒，假装自己已经喝醉了，离席而去。后来他得知那果然是毒酒，心里极为恐慌，担心自己很难活着离开长安。

这时，随行的一个内史为他出了一个脱险的计谋。内史对齐王刘肥说："吕太后就仅仅只有惠帝这么一个儿子和鲁元公主这么一个亲女儿。如今您作为齐国的诸侯王，拥有大小七十多座城池，而鲁元公主仅享有几座城的食俸，吕太后心中自然不平。您如果献上一座郡城给吕太后，作为赠给公主的汤沐邑，太后就一定会转怒为喜，那您就不必担心了。"

刘肥采用了这个计谋，马上派人告诉吕太后，他想把自己的城郡送给公主，并尊公主为王太后。吕太后得知后果然非常高兴地应允了，并在齐国驻京城的官邸里置酒款待了齐王一行，齐王也因此而安全地回到了齐国。

关键时刻弃城保命，当然是值得的，丢卒保车，才是取胜之道。

公元 712 年，唐睿宗让位给李隆基，自为太上皇，李隆基即位，是为玄宗。当时太平公主密谋夺取政权，宰相崔湜等又依附于太平公主，于是尚书右仆射同中书门下三品、监修国史刘幽求与右羽林军将军张密请求派羽林军诛杀太平公主及其党羽。

刘幽求令张密上奏玄宗说："宰相中有崔湜、岑羲，都是太平公主引荐的，他们整天图谋不轨，假如不及早预防，一旦发生变故，太上皇怎么能放心呢？古人说：'当断不断，反受其乱。'请陛下迅速诛杀他们。刘幽求已与我制定了计谋，只要陛下一声令下，我就率领禁兵，一举将他们剪除。"唐玄宗认为刘、张二人说得对，可是张密不小心泄露了他们的密谋，引起了太平公主的疑心与防备。

唐玄宗在得知行动泄密后，马上采取主动，将忠于自己的刘幽求、张密二人捉拿，并把刘幽求流放到封州（今广东封川县），张密流放到丰州（今内蒙古杭锦后旗西北）。

唐玄宗果然棋高一着。太平公主见自己的死对头悉数被唐玄宗治罪，顿时对唐玄宗放松了警惕。一年多后，唐玄宗突然调动禁兵，把太平公主及其党羽一举诛杀。唐玄宗为奖赏刘幽求首谋之功，马上任命他为尚书左仆射、知军国事、监修国史，封上柱国、徐国公。唐玄宗将张、刘二人治罪，也是一种丢卒保车的策略，反正事后还可将他们提升。

当断不断，反受其乱。事情紧急的时候，舍车保帅，舍弃局部利益，以保全整个大局不失，是明智之举；如果优柔寡断，损失将会更大。

在美国缅因州，有一个伐木工人叫巴尼·罗伯格。一天，他独自一人开车到很远的地方去伐木。一棵被他用电锯锯断的大树倒下时，被对面的大树弹了回来。罗伯格因为站在他不该站的地方，躲闪不及，右腿被沉重的树干死死地压住了，顿时血流不止。

　　面对自己伐木生涯中从未遇到过的失败和灾难，罗伯格的第一个反应就是："我现在该怎么办？"他看到了这样一个严酷的现实：周围几十里没有村庄和居民，10 小时以内不会有人来救他，他会因为流血过多而死亡。他不能等待，必须自己救自己——他用尽全身力气抽腿，可怎么也抽不出来。他摸到身边的斧子，开始砍树。因为用力过猛，才砍了三四下，斧柄就断了。

　　罗伯格此时真是觉得没有希望了，不禁叹了一口气。但他克制住了痛苦和失望。他向四周望了望，发现在身边不远的地方，放着他的电锯。他用断了的斧柄把电锯钩到身边，想用电锯将压着腿的树干锯掉。可是，他很快发现树干是斜着的，如果锯树，树干就会把锯条死死夹住，根本拉动不了。看来，死亡是不可避免了。

　　在罗伯格几乎绝望的时候，他想到了另一条路，那就是——把自己被压住的大腿锯掉！

　　这似乎是唯一可以保住性命的办法！罗伯格当机立断，毅然决然地拿起电锯锯断了被压着的大腿，用皮带扎住断腿，并迅速爬回卡车，将自己送到小镇的医院。他用难以想象的决心和勇气，成功地拯救了自己！

　　人生充满变数，要想处处都顺风顺水那是不可能的，总会有一些或大或小的灾难在不经意之间与我们不期而遇。面对危机形势，我们又往往会采取习惯的对待危机的措施和办法——或以紧急救火的方式补救，或以被动补漏的办法延缓，或以收拾残局的方法逃离……虽然这些都是逆境之下十分需要甚至必不可少的应急措施，但在形势危急而又不可避免的险境之下，我们还要学会"舍卒保车"甚至"舍车保帅"。卒没了，有车尚不畏惧；车没了，有帅或可斡旋。

　　一位哲学家的女儿靠自己的努力成为闻名遐迩的服装设计师，她的成功得益于父亲那段富有哲理的告诫。父亲对她说："人生免不了失败。失败降临时，最好的办法是阻止它、克服它、扭转它，但多数情况下常常无济于事。那么，你就换一种思维和智慧，设法让失败改道，变大失败为小失败，在失败中找成功。"

是的，失败恰似一条飞流直下的瀑布，看上去湍湍急泻、不可阻挡，实际上却可以凭借人们的智慧和勇气，让其改变方向，朝着人们期待的目标潺然而流。就像巴尼·罗伯格，当他清楚地意识到用自己的力气已经不能抽出腿、也无法用电锯锯开树干时，便毅然将腿锯掉。虽然这只能说是一种失败，却避免了任其发展下去会导致的更大失败，丢卒保车，才有可能赢得宝贵的生命，相对于死亡而言，这又何尝不是一种成功和胜利呢？

将大败变成小败，也是一种成功。

冒局部风险保大局

要想通过谋势达到利益的最大化，理想的做法当然是先辨明强势、弱势，并辅以借势、造势与蓄势，然后乘势出击，以势不可挡之气势一举成就事业。但世间之势，并非时时明朗。在局势混乱，难以做出精确的判断时，又该如何因势？

彼得从小聪明好学，在爱德华国王中学念书时，他有一个外号："无敌神童"。在他身上，有着天才们通常具有的那种个性：遵从自己的价值判断，不因世俗的偏见蒙蔽自己的心灵。上大学时，他最初选修的是法律，但他很快发现，他喜欢做一个富商，而不是一个律师，于是，他只在法律系读了两周，便转到商业系。

大学毕业后，彼得在英国陆军服役，任排长之职。几年军旅生涯的磨炼，他最大的收获是学会了应该怎样决策。他虽然没有上过战场，但多次的实战演习告诉他，在很多情况下，指挥员只能依据残缺不全的有限信息决策，不足的部分，一半靠经验，一半靠胆量，也许还有运气。彼得对此心领神会，他总是能在别人举棋不定的混乱局面中大胆拍板，很少有犹豫不决的时候。这一素质成为他日后在商场中大显身手的法宝。

从军队退役后，彼得进入英国石油公司工作。即使在这家人才济济的超级公司，他的才干也显得很突出。他胆识过人的鲜明个性给人们留下了深刻印象。那些棘手的、具有挑战性的任务，他们都喜欢交给彼得去干，而彼得总是能圆满地完成任务。因此，人们送给他一个外号："突击队长"。他的职务也屡获升迁，几年后，即被任命为商务部副总裁，全权负责北美业务。苏伊士运河一直是英国石油公司的主要运输航道。埃及和以色列之间的

"6·5战争"爆发后，苏伊士运河被关闭，英国石油公司被迫改变航道，从非洲好望角绕行。这样一来，船舶运输问题就变得十分重要，公司为此紧急召回"突击队长"彼得，任命他为总经理特别助理，主管船舶租用与调度事宜。

一个星期六的下午，彼得正在家中休息，忽然接到租船部主任打来的一个紧急电话："奥纳西斯先生询问是否租用他的油轮。他要求马上答复。"奥纳西斯是著名的希腊船王，他的油轮因"6·5战争"变得特别红火，所以他开给英国石油公司的条件很苛刻：要么全部租用一年，要么一艘不租，而且价码比平时高很多。奥纳西斯的油轮总吨位高达250万吨，全部租用一年，租金将是一个天文数字。租船部主任不敢定夺，所以打电话向彼得请示。

租？还是不租？彼得也感到迷惑。决策的关键是"6·5战争"将延续多久。如果延续时间很长，运输紧张的问题将会继续加剧，无疑必须租用奥纳西斯的全部油轮。但是，如果战争很快结束，高价租用大批超过需要的油轮，无疑也是一个重大损失。在当时的情况下，即使最老练的政治家也无法判断战争会进行到什么时候，彼得自然也无法预知。那他应该如何决策呢？彼得感到自己遇上了平生最难做出的一个决定，这就好像足球守门员扑救一个点球，无论扑向左边还是右边，都可能是错误的，尽管也可能是正确的。在这种情况下，即使召开一个董事会，也不可能商量出一个正确答案，这除了浪费时间和给自己减轻决策责任外，没有任何好处。于是，他将自己关在屋子里，认真权衡得失。半个小时后，他终于做出决定：租！

他做出决定的理由是：假设租用了奥纳西斯的全部船队而战争很快结束，公司将蒙受重大损失；假设不租用奥纳西斯的全部船队而战争延续时间很长，公司的业务将面临严重困境。前者是局部损失，而后者却是大局受损。为保大局而冒局部风险无疑是值得的。

　　彼得的运气不错，随着中东硝烟的久久不散，油船租金暴涨，船运异常紧张，英国石油公司却未因这场战争受到太大影响。外行人看热闹，内行人看门道。彼得看似下赌注般的决策，其背后竟是大有乾坤。尽管上帝最终掷出了让彼得大赢的骰子，但即使上帝掷的骰子不尽如人意，我们也应该为彼得在乱势下所作的决策而鼓掌。因为，在局势不明时，无论怎样决策都无可厚非，败得惨或赢得漂亮都有一定的运气成分，但结果却是以成败论英雄。在进行这种"押宝"似的决策时，追求败得不惨也许比追求赢得漂亮更为明智。

　　后来，彼得成为英国石油公司的灵魂人物，41岁那年，他荣登总裁宝座。

　　当我们不知道上帝将掷出什么样的骰子时，我们的赌注要尽量下小一点。

当退则退，切勿盲目前进

有些时候，进固然可喜，但退也同样重要，盲目的只进不退无异于自杀。当然，盲目的只退不进也只能是懦夫的表现，注定终生没有出息。

退和进是有机地融洽在一起的，根据形势变化，当进则进，当退则退，理应做出明智的抉择。

戴维·布朗，是一个美国最成功的电影制片人，他曾先后三次被三家公司解雇过。他觉得自己不适应在商业销售的公司工作，就到好莱坞去碰运气。结果若干年后，一举发迹成为 20 世纪福克斯电影公司的第二号人物，后来由于他力荐拍摄《埃及艳后》这一耗资巨大的影片造成了公司的财务危机，他被解雇了。

在纽约，他应聘出任美国图书馆副主任，但是，他跟上级派来的同僚格格不入，结果又被解雇了。回到加利福尼亚后，他又在 20 世纪福克斯电影公司复出，在高层干了 6 年。然而，董事会并不欣赏他所举荐的片子，他又一次被解雇了。

布朗开始对自己的困境进行反思：敢想敢说，勇于冒险，锋芒毕露，不惮逞能——他的作为与其说是雇员，倒不如说更像老板，他恨透了碍手碍脚的管理委员会和公司智囊团。

找到了失败的原因以后，布朗告别了打工生涯，开始独自创业经营。他连续拍摄了《裁决》《茧》等一系列优秀影片，获得了巨大的名气与收益。当面对对方的坚固防御屡攻不克时，当对方过于强大而我方无法取胜时，最明智的选择只能是机智地选择退却。如果硬拼，势必全军覆没；如果投降，也意味着彻底的失败；即便能勉强求和，也只不过是在对方的控制下获得一个苟延残喘的时机。

军事家讲究以退为进，市场人士图谋另找出路、在别的领域寻求发展良机，都是"走为上"的最好表现。

日本著名企业家松下幸之助说："武功高强的人，往回抽枪的动作比出枪时还要快。与此同时，无论搞经营，还是做其他事情，真正能做到不失时机地退却者，才堪称精于此道。"

值得引起大家注意的是，"走为上"中的"走"，并非消极的"败走"，而是有易地而战、从头再来的意思。几十年前拍得电影《南征北战》，不知给多少人留下了以退为进的深刻印象。

易地而战，是建立在对外部环境和对自己实力的一种理智判断的基础上。人生苦短，韶华难留。选准目标，就要锲而不舍，以求"金石可镂"。但若目标不合适，或主客观条件不允许，与其蹉跎岁月，师老无功，就不如学会放弃，"见异思迁"。如此，才有可能柳暗花明，再展宏图。班超投笔从戎，鲁迅弃医学文，都是"改换门庭"后而大放异彩的楷模。可见，如果能审时度势，扬长避短，把握时机，放弃既是一种理性的表现，也不失为一种豁达之举。

从头再来，是一种不甘屈服的韧性，是一种善待失败的人生境界；从头再来，源于对现实和你自有的清醒认识，是对自己实力的一种肯定，是一种挑战困难、挑战自我的明智举动；从头再来，你肯定要忍受失败的苦楚，吸取失败的教训；从头再来，总还要坚守自己心中的信念，相信坚持到底就是胜利；从头再来，是一种希望，是遭遇不测后忠实于生命的最好见证。

只要出现了这样一个结局，不管这结局是胜还是败，是幸运还是厄运，客观上都是一个崭新的从头再来。只要厄运打不垮自己的信念，希望之光就一定能驱散绝望之云。

从头再来，说起来是一件轻松的事情，做起来却并不容易。可是，一旦拥有的一切都化为乌有，除了从头再来又有什么办法呢？

走不是败走，走是异地而战，从头再来。

第七章
让心灵拥有一片宁静

　　格局，就是磊落坦荡、无私无畏和志存高远的品格；就是宠辱不惊，笑看庭前花开花落的风度；就是不管风吹浪打胜似闲庭信步的豪迈……大格局的人都有着一个宁静的心灵，他们能够在尘世中找到一片心灵的净地，抛去功名利禄，抛去一切繁杂，在生活中慢慢品味幸福的味道。

让心中充满阳光

海伦·凯勒说："面对阳光，你就会看不到阴影。"积极的人生观，就是人心里的阳光！

一场大水冲垮了一个女人家的泥房子，家具和衣物也都被卷走了。洪水退去后，她坐在一堆木料上哭了起来，为什么她这么不幸？以后该住在哪里呢？镇里的表姐带了东西来看她，她又忍不住跟表姐哭诉了一番，没想到表姐非但没有安慰她，还斥责起她来："有什么好伤心的？泥房子本来就不结实，你先租个房子住段时间，再盖间砖瓦房不就好了？再说你够幸运的了，幸好来的是洪水，不是地震，不然的话，你还有命吗？"

故事中的女人就是生活中的悲观者的代表，他们遇事总是拼命往坏的一面去想，自找烦恼，死钻牛角尖，不问自己得到了什么，只看自己失去了多少，结果情况越来越糟糕，心情越来越低落。其实任何事情都有坏的一面和好的一面，如果能从积极的方面看问题，那么就会有一个截然不同的结果，做起事来也就会更加得心应手。

我们每个人都有自己的生活，都有选择精彩人生的机会，关键在于你的态度。态度决定人生，这是唯一一件真正属于你的权利，没有人能够控制或夺去的东西就是你的态度。如果你能时时注意这个事实，你生命中的其他事情都会变得容易许多。

有一个80多岁的老婆婆，她最心爱的小孙女不幸夭折了，大家以为老婆婆会很伤心，然而，老婆婆居然每一天过得都很快乐。邻居们都认为老婆婆的心地并没有平时大家想得那么善良。有人就问老婆婆，小孙女走了怎么不见你悲伤呢？老婆婆说，我已经是80多岁的人了，没有几天了。在这个世界上，与其每一天都在悲痛中度过，不如在回忆与我的小孙女在一起的快乐时光中度过，这样别人对我的担心也会少些。这位老婆婆对待生活的态度，值得我们每一个人学习。

人的一生总要遇到这样那样的不幸。我们怎么面对这些不幸呢？如果你是积极向上的人，你不会因为失去一部分就失去整个世界。即使你一无所有，只要你还有爱心，你依然拥有世界上的草木、阳光、空气。

苏东坡在被贬谪到海南岛的时候，岛上的孤寂落寞，与当初的飞黄腾达相比，简直是两个不同的世界。但苏东坡却认为，宇宙之间，在孤岛上生活的，不只是他一人，大地也是海洋中的孤岛！就像一盆水中的小蚂蚁，当它爬上一片树叶，这也是它的孤岛。所以，苏东坡觉得，只要能随遇而安，就会快乐。

苏东坡在岛上，每次吃到当地的海产，他就庆幸自己能够来到海南岛。甚至他想，如果朝中有大臣早他而来，他怎么能独自享受如此的美食呢？所以，凡事往好处想，就会觉得人生快乐无比。人生没有绝对的苦乐，只要凡事肯向好处想，自然能够转苦为乐、转难为易、转危为安。

海伦·凯勒说："面对阳光，你就会看不到阴影。"积极的人生观，就是人心里的阳光！消极的人多抱怨，积极的人多希望。消极的人等待着生活的安排，积极的人主动安排、改变生活，而积极的心态是快乐的起点，它能激发你的潜能，愉快地接受意想不到的任务，悦纳意想不到的变化，宽容意想不到的冒犯，做好想做又不敢做的事，获得他人所企望的发展机遇，你自然也就会超越他人。而如果让消极的思想压着你，你就会像一个要长途跋涉的人背着无用的沉重的大包袱一样，使你看不到希望，也失掉许多唾手可得的机遇。

有时候，不幸的遭遇固然会使人身心受伤，但逆境往往能激发思维的改变，使人能以全新的观点去看人或事，并因此获得难能可贵的思想。那些积极的人面对艰难痛苦时，总是十分坚强，他们甚至能用自身的人格魅力感召他人。

奥莎·强生是世界上著名的女冒险家。她 15 岁就结婚了，25

年来，她和她的丈夫一起周游世界，拍摄亚洲和非洲逐渐绝迹的野生动物的影片。他们回到美国之后，就开始到处演讲，同时放映自己拍摄的短片。当他们飞往西岸时，飞机发生了意外，奥莎的丈夫当场死亡，而她自己，医生们的结论是：她永远不能再下床了。但是三个月后，她坐着轮椅发表演讲，当人们询问她为什么这样做时，她说："因为我没有时间去悲伤和担忧。"

莎拉·班哈特也是一名同样坚强的女子。50年来，她始终是四大洲剧院的皇后，深受世界观众的喜爱。71岁那年，她破产了，而且她的医生告诉她必须锯断双腿。当她的医生波基教授说出这个可怕的消息时，他以为莎拉一定会崩溃，但莎拉仅仅看了他一眼，平静地说："如果只有一个办法，那就只能这样了。"

在去手术室的路上，她朗诵自己演出中的台词，因为她认为，那些医生和护士正经受着极大的压力。

她被推进手术室时，孩子们站在一边哭，她却挥挥手高兴地说："别走太远，我马上就会回来。"手术完成后，莎拉·班哈特继续演出，使她的观众又疯狂了七年。

积极的人可以影响别人，消极的人则会关注影响自己的外界因素，一旦出现问题，他们就可以找到很多理由为自己开脱。

看重"影响圈"的人脚踏实地，把精力投注于自己的事情，最终会有所成就，并利用这些成绩将影响圈逐步扩大。反之，消极的人看重"关注圈"，时刻不忘环境的限制、他人的过失，结果是怨天尤人、畏缩不前。

所以，不要被问题束缚，即便是那些已经无能为力的问题，我们应该做的就是翘起嘴角，以微笑积极地接纳它们。

用一颗包容的心去面对

人世间没有完美的东西，你不必在嘲笑和指责别人的过程中度过你的每一天。做人要经常反省自己的行为，严格要求自己，加强自己的修养，同时不要对别人太苛责，要以宽容大度的心态对待别人。

的确，在生活中，总会有一些人爱挑毛病，觉得这也不好，那也不对，唯有自己是真理的化身、是非的标准。我们有时也难免会犯这种错误，认为自己做的什么都是对的，别人做什么都是错的，习惯以教训人的语气指责别人。或者自己做不到的事情，却要求别人去做。要是做得不好，就会横挑鼻子竖挑眼，指责对方没有用。孔子曾说，事事严格要求自己，而对别人的要求很宽松，就不会带来很多怨恨。孟子也说，要求别人很多，而自己做得甚少，就像不锄自己田里的草，却跑去挑别人田里的草，这种人是很讨厌的。

对中国文化的发展有重大影响的胡适就是个有长者风范的人。在一段时间里，他的家里总有客人。穷苦者，他肯解囊相助；猖狂者，他肯当面教训；求差者，他肯修书介绍；问学者，他肯指导门路；无聊不自量者，他也能随口谈几句俗话。到了夜深人静的时候，胡适才执笔继续他的考证或写他的日记。当时的很多学者，在女子面前都是道貌岸然的，但是胡适不是那样的，他很有人情味，到别人家里，必定与其太太打招呼，上课见女生穿得单薄，必亲自下讲台来关教室的门窗。胡适可以说对别人是很宽容、很随和的，但他对自己在私德立身上又是很严格的。当时很多学者在留洋以后都把家里包办的乡下太太抛弃了，但胡适对母亲包办给他的发妻却始终如一。

　　胡适就是这样的一种人，对自己有严格的要求，事事走在前面，以行动在为其他效仿他的人做榜样。这样在要求别人做什么事情或不要做什么事情时，你的话、你的要求就显得有分量。有时即使我们自己能做到的事情，也不能苛求别人也做到，因为人和人毕竟是有这样那样的差别的，你能做到的事情，他人不一定能做到。因此，这时候就需要你体谅别人的难处，容忍别人的弱点，宽以待人，才能搞好彼此之间的关系。

　　想让别人去做的事，自己先要去做。在生活的细节当中要注意不要使自己成为挑人毛病的人。别人可能有这样那样的错误，但你是否就没有呢？别人犯了错误你那么不满，难道你自己就不会犯错误吗？你不原谅别人犯的小错误，当你自己犯错的时候，你能够要求别人原谅你吗？人非圣贤，孰能无过，原谅别人就是原谅自己。

　　人生是个人舞台，人与人之间又是如此的不同，如果各自为政，整个世界就会四分五裂，相互争斗不已；人人都挑毛病，互相指责，人生也就会永无宁日。人生本来就充满了这样那样的艰辛和磨难，人世间也没有完美的东西，何必在互相嘲笑和指责中度过每一天的时光呢？何不用一颗包容的心去面对社会、面对别人呢？忍一时，退一步，你会发现生活原来是美好的。

可以平凡但绝不能平庸

平凡，不是与孤独相依、与寂寞为伴，平凡是一场惊险搏击之后的小憩，是一次成功追求之后的深思，是饱经风霜后以虔诚的心去探寻生命的意义．是大起大落后以凡人的方式去感悟人生的心态……剔除喧嚣，荡尽繁华，平凡是一种更本真的美。平凡是一种生活态度，

一种对生命的坚持。生命总有许多的过往，未来还有无尽历程。值得努力的事情，就该用不平凡的态度去完成，无论是否成功，我们只注重过程，哪怕事与愿违，最起码我们不再甘于被动。

然而，平凡并不是平庸，只是在这个色彩缤纷的世界为自己涂上一层保护色；平凡也并不是呆板，只是在这个物欲横流的世界保持真我的本色。平庸也是一种态度，却是一种既被动又功利的人生态度。有着平庸态度的人诸事平平，没有一事精通，这是平庸者的规律。平庸不仅分散人的精力，而且永远不会把人们引向成功。所以说，人可以平凡，但绝不能平庸。

这里有一个小故事，相信对很多人都会有所启示。

曾经有一个重点医科大学毕业的应届生，她对将来充满了困惑。她每时每刻都在苦恼，因为她觉得像自己这样学习医学专业的人，全国有成千上万，而且现在的竞争如此残酷，究竟自己的立足之地在哪里呢？

的确，现代社会中，要想争取进一个好的医院，就像千军万马过独木桥，难上加难。这个年轻人没有如愿地被当时著名的医院录用，她到了一家效益不怎么好的医院。可是从那时起，她就下定决心一定要做出成绩，医院可以不出色，自己的工作也可以

平凡，但他不可以平庸，她一定要全力以赴去争取成功。就是他这种绝不平庸的态度，让她最后终于成为一位著名的医生。一次，她在一所医学院演讲时对学生说："其实我很平凡，但我总是脚踏实地在干。从一个小医生开始，我就把医学当成了我毕生的事业。"

从这里，我们更加深刻地体会到影响一个人成功的最重要因素是一个人的态度。

无论你现在正从事着什么工作，都要将它视为你毕生的事业。不要以为事业都是伟大的、让人津津乐道的壮举，正确地认识自己平凡的工作就是成就辉煌的开始，也是你成为优秀人才最起码的要求。

曾任美国总统的罗斯福说过："许多成功的人并非天才，他也许资质平平，却能把平平的资质发展成为超乎寻常的事业。"无论多么平凡的工作，要从头至尾彻底做成功，便是了不起的事业。

全情投入工作，视平凡的工作为终生的事业，充分焕发热情，拥有这种人生格局的人，才能告别平庸的生活，最终享受到不平凡的成功。

培养自己一颗高贵的心灵

人的生命短暂而脆弱，宇宙间任何东西都有可能置人于死地。可是，即使如此，人依然比宇宙间任何东西都高贵得多，因为人有一个能思想的灵魂。我们当然不能也不该否认物质生活的必要，但是，人的高贵却在于他的心灵。

贝多芬，最伟大的音乐家，世界上无数的人被他的音乐所感动、所震撼。不仅仅是他的音乐，还有他的苦难、他的欢乐、他的勇气和他高贵的心灵。

贝多芬总是高高昂起他那狮子般的头颅，他从不献媚于任何人。

有一次，在利西诺夫斯基公爵的庄园里，来了几位"尊贵"的客人，正是占了维也纳的拿破仑军官。当时贝多芬正住在公爵的庄园里，当军官们从主人那里得知后，公爵便请求贝多芬为他们演奏一曲。贝多芬不愿为侵略者演奏，断然拒绝，猛地推开客厅大门，在倾盆大雨中愤然离去。回到住处，他把利西诺夫斯基公爵给他的胸像摔得粉碎，并写了一封信："……公爵，你之所以成为一个公爵，只是由于偶然的出身；而我之所以成为贝多芬，完全靠我自己。公爵现在有的是，将来也有的是，而贝多芬只有一个！"

正如贝多芬所言，由于偶然的出身，这个世界上确实有过无数的公爵。然而，历史最公正，时光最无情，当这些曾显赫一时的公爵都一个个消失在历史的长河中时，贝多芬却没有从人们的记忆中消失。贝多芬没有高贵的出身，却有不朽的作品。正是这些作品，为贝多芬赢得了无数的荣誉；也正是它们，为贝多芬在人们心中筑起了一座无形的丰碑。要知道人民从来就不承认世俗的册封，他们所肯定的永远是那些让他们心悦诚服的高贵的灵魂。

我们所说的高贵，不是仪表的华美，不是出身的高贵，不是地位的显赫，也不是金钱的多寡或其他外在的装饰，而是内在的、深沉的、自然散发的、由里及外的灵魂；是有丰富内涵、有独特思想和见地、有高尚情感和无私奉献的心灵；是有着大爱的心，爱人类、爱万物、爱一切的生命；是热爱生活、执着追求、不懈努力的、永不气馁的心。高贵，源自灵魂的力量，源自充盈的内心，是一种难得的大格局，值得我们用尽此生去追寻。

有人这样说过，一个真正高贵的灵魂至少应该具备两个特征——高贵的自尊和宠辱不惊的风度。

拥有人生大格局的人对事对物、对名对利应有的态度是得之不喜，失之不忧，宠辱不惊，去留无意。

在我们年轻的时候，甚至是不再年轻的时候，不管道路有多曲折，不管命运如何捉弄，如果我们始终能充满自信，拥有一颗高贵的心灵，锲而不舍，必将成就一番伟大的事业。

拥有一个积极的心态

一场大雨后，一只蜘蛛艰难地向墙上那张支离破碎的网爬去。

由于墙壁潮湿，它爬到一定的高度，就会掉下来。它一次次地向上爬，一次次地又掉下来……

第一个人看到了，他叹了一口气，自言自语："我的一生不正如这只蜘蛛吗？忙忙碌碌却一无所得。"于是，他日渐消沉。

第二个人看到了，他说："这只蜘蛛真愚蠢，为什么不从旁边干燥的地方绕一下爬上去？我以后可不能像它那样愚蠢。"于是，他变得聪明起来。

第三个人看到了，他立刻被蜘蛛屡败屡战的精神感动了。于是，他变得坚强起来。

同样一个场景，在不同的人眼里有不同的解读，不同的解读又造就了不同的结果。是什么导致了人们其中的差异？心态不同。

有人说"习惯决定人生"，这话很有见地。一个人一生的成败取决于行动，而行动在很大程度上是受到习惯的支配。因此，说"习惯决定人生"是站得住脚的。但是，笔者觉得有必要继续追问：习惯又是从何而来的呢？

也许有人会回答：养成的呗。当然是养成的。但就像庄稼是种植的一样，我们千万不要忽略了种植庄稼的土壤；习惯的养成，也与心态的土壤有莫大的关系。什么样的心态，产生什么样的习惯。年轻人要想养成良好的习惯，必须先平整好自己的心态之土，让你的心态土壤充满了乐观的养分，并沐浴在阳光的温暖之下。

在我们每一个人身上，都随身携带着一件看不见的东西，它的一面写着"积极心态"，另一面写着"消极心态"。心理学家与社会学家一致认为：在人的本性中，有一种倾向——我们把自己想象成什么样子，就真的会成什么样子。

一个积极心态者常能心存光明远景，即使身陷困境，也能以愉悦和创造性的态度走出困境，迎向光明。积极心态能使一个懦夫成为英雄，从心智柔弱变为意志坚强。值得注意的是：一个积极心态的人并不否认消极因素的存在，他只是学会了不让自己沉溺其中。

积极心态具有改变人生的力量。当你面对难题时，如果你期待能拨云见日，并能乐观以待，事情最后终将如你所愿，因为好运总是站在积极思想者的一边。积极心态人人皆可达成，但有些人在实行时会发生困难。这是因为某些奇怪的心理障碍会导致积极思想的无效。一个人若是不断地怀疑、质问，那是因为他不让积极思想发生作用。他们不想成功，事实上他们害怕成功。因为活在自怜的情绪中安慰自己，总是比较容易的。我们的大脑必须被划成积极思考的模式。

积极心态只有在你相信它的情况下才会发生作用，并且产生奇迹，而且你必须将信心与思想过程结合起来。很多人发现积极心态无效，原因之一便是他们的信心不够，以怀疑和犹豫，不停地给它泼冷水。因为他们不敢完全相信一旦你对它有信心，便会产生惊人效果。

用一颗平常心对待生活

一位学僧看到禅宗公案里有名的"黄龙三关"：在修禅之前，山是山，水是水；在修炼禅宗之时，山不是山，水不是水；修成之后，山仍是山，水仍是水。

"这是什么意思呢？弟子不明白。"迷惑不解的学僧去问禅宗大师。

禅师解释说："最先的状态和最后的状态是相似的，只是在过程中截然不同。最初，我们看到山是山，最后看到山还是山。但在这当中，山不再是山，水不再是水，为什么呢？"

弟子摇头，表示不知道。

禅师继续说："因为一切都被你的思维、意识搅乱了、混淆了，好像阴云密布、云雾缭绕，遮住了事物的本来面目。但是这种混淆只存在于当中的过程。在沉睡中，一切都是其本原；在三昧中，一切又恢复其本原。正是关于世界、思想、自我的认识使简单的事物复杂化了，它正是不幸、地狱的根源。"

弟子自以为明白了禅师的解释，唉声叹气地说："哎，这么说起来，凡夫俗子和修禅的开悟者也没有什么区别啊！"

"说得对，"禅师答道，"实在并没有什么区别，只不过开悟者离地六寸。"看起来禅师所说的修禅的最高境界不过也是和凡夫俗子一样，山是山，水是水，眼中看到的什么就是什么，可真正的又有几个人在社会这个大染缸中做到真正的看山是山，看水是水呢？从别人简单的一句话就会看出"暗藏的心机"，甚至一个眼神就能看出他是否对你不怀好意，如此看来人真的是太聪明了，想象力太丰富了。可实际上并不是这么回事，山就山，水就是水，而你却将山看做了水，将水误以为山了。所以你看不到山的青翠，也看不到水的清澈。

我们总是忽略了很多本可以享受的安宁。当刚刚开始休息的时候，你开始对孩子没有考第一而苦恼，想起那个没有自己出色却比自己升职快的人就愤愤不平，想起来自己渐渐发胖的身材就觉得担心，觉得自己的老公越来越不关注自己就心伤……人们不快乐，往往是因为没有这颗平常心。得到与失去皆是生活的本来面目。

生活中会有各种各样的不如意，每个人都会有，看淡了，看平常了，这些烦恼就不会存在，因为这些是生活的必然。过分追求完美只会让自己累心，平平淡淡的，享受并珍惜拥有的。不必为失去的过分忧伤。让日子往幸福快乐的指尖流过，而非贪求过多的东西，让自己陷入不快乐的境地，其实，青春、时间才是你最大的拥有。

让心灵得到放松

很多时候，我们被生活的一个又一个目标逼迫得只会忙着赶路，不仅工作紧张，而且生活也紧张，在做这件事情的时候还会想到有一大堆的事情在等着自己。于是一切都匆匆忙忙，急躁不堪，但当我们回首的时候，却突然发现自己匆忙的赶路，其实失去了更美好的事情。

有这样一个故事：

父子俩一起耕作一片土地。一年一次，他们会把粮食、蔬菜装满那老旧的牛车，运到附近的镇上去卖。但父子两人相似的地方并不多。老人家认为凡事不必着急，年轻人则性子急躁、野心勃勃。

这天清晨，他们又一次运上货到镇上去卖。儿子用棍子不停地催赶牲口，要牲口走快些。

"放轻松点，儿子，"老人说，"这样你会活得久一些。"

可儿子坚持要走快一些，以便卖个好价钱。快到中午的时候，他们来到一间小屋前面，父亲说要去和屋里的弟弟打招呼。儿子继续催促父亲赶路，但父亲坚持要和好久不见的弟弟聊一会儿。又一次上路了，儿子认为应该走左边近一些的路，但父亲却认为应该走右边有漂亮风景的路。就这样，他们走上了右边的路，儿子却对路边的牧草地、野花和清澈河流视而不见。最终，他们没能在傍晚前赶到集市，只好在一个漂亮的大花园里过夜。父亲睡得鼾声四起，儿子却毫无睡意，只想着赶快赶路。

第二天，在路上，父亲又不惜浪费时间帮助一位农民将陷入沟中的牛车拉出来。这一切，都使儿子异常气愤。他一直认为父亲对看日落、闻花香比赚钱更有兴趣，但父亲总对他说："放轻松些，你可以活得更久一些。"

到了下午，他们才走到俯视城镇的山上。站在那里，看了好长一段时间。

两人都不发一言。

终于，年轻人把手搭在老人肩膀上说："爸，我明白您的意思了。"

很多时候，我们就和这个青年一样，在人生中不断地奔跑，奔着下一个目标不断奋进，我们的生活被忙碌以及一个又一个的目标所占满，心里、眼里也只剩下这个目标，当我们回头的时候，却发现生命的过程实际上是很美妙的。

电视剧《士兵突击》中的许三多，一个没有远大的目标，只做好手头上的事的人每天自己快乐着，却最终进入老 A 的部队，而成才这样一个有远大目标的人最终却栽了跟头。生活不是比赛，不一定非要拿第一，一切顺其自然，每天活得轻松一些，做好自己当下做的事情就好。

生活的乐趣也绝不在于不断奔跑，生活需要一杯茶的清香，需要一碗酒的浓烈激情。每天早晨出来呼吸着那些新鲜的空气，给自己泡一杯茶，听一曲优美的曲子，抑或在休息的时候给朋友送去自己亲手包的饺子，或者是陪着父母一起坐在电视机前说着那些实际上已经说了无数次的经典家常，又或者一家三口一起去海边游玩，让心灵得到极大的放松……

珍惜你所拥有的一切

某日，听到这样一个哲理故事：有一只蜘蛛为了早上的一颗虽然美丽但很短暂的露珠而念念不忘，却不曾看一眼蜘蛛网下仰慕了它无数朝朝夕夕的一棵小草。佛祖问它，"世间最美好，最珍贵的是什么？"蜘蛛坦然而答："没有得到，何以失去？"佛祖便安排它到红尘一次，让它体会到人世间的爱与被爱的痛苦……佛祖第三次还是问它同样一个问题，它恍然大悟。"世间最美好、最珍贵的不是还没有得到的东西，而是现在所拥有的一切。"

是啊，世间最美好、最珍贵的是现在所拥有的一切，而不是还没有得到的。许多人都向往还没有得到的东西，所谓"没有到手的，才是最好的"。对于所拥有的一切，却不知珍惜，如此，总在失去以后，才懊悔不已，才明白那才是最珍贵的、最值得珍惜的。既然如此，我们为什么不从现在开始，就好好地珍惜所拥有的一切呢？

当今，面对社会工作就业压力的加大，越来越多的人抱怨生存困难；随着生活水平的提高，很多人不但感受不到生活的幸福，而且抱怨家庭的不幸，觉得人生太没意思。其实，这一切都源于个人的看法，如果每个人都学会珍惜、懂得珍惜，珍惜生命、珍惜时间、珍惜亲情、珍惜家庭、珍惜朋友、珍惜身体、珍惜人生拥有的一切，也许就能体会到意想不到的幸福和快乐。

人生匆匆，为使一生不留遗憾，就要学会珍惜、懂得珍惜。人要学会珍惜现在所拥有的，让自己的生活多几分舒适，少几分带牵挂的苦楚，多几分惬意，少几分带瑕疵的不如意。当你感觉到某种东西渐渐远离了你的时候，你再竭力地去挽留，去弥补，也许已经太迟了。人，总是这样，在无数次告诫自己要珍惜的时候，结果往往是会失去。人生的路只有一条，走了，就不能再回头，别指望那条死胡同里会有出口。所以，要学会珍惜现在所拥有的——珍惜今天，珍惜健康，珍惜幸福。

珍惜今天。李大钊曾说过："无限的'过去'都以'现在'归宿；无限的'未来'都以'现在'为渊源，过去未来中间，全仗现在，以成其连续，以成其永远无始无终的大实在。"所以说，虚度了"现在"，就等同于虚度了今天，也就在不知不觉中丧失了昨天和明天。珍惜现在，就是要避免让自己在以后的日子里再有遗憾；就是要脚踏实地抓住今天，充实今天，完善今天，在今天这张纯洁的白纸上画下美丽的历史画卷。从某种意义上说，珍惜了今天，就等于延伸了自己生命的长度，升华了生命的意义。

珍惜幸福。幸福对每个人有着不同的含义：颜回的一箪食一瓢饮是清贫者的幸福，财源滚滚，生意兴隆是商人的幸福，"春种一粒粟，秋收万颗子"是农民的幸福，官运亨通青云直上是政治家们的幸福。由于对幸福的理解千差万别，对它的追求也就拥有不同的方式，有人兢兢业业，有人投机取巧，有人狐假虎威，有人挖空心思，取得的结果也各不相同，有人高兴，有人悲凄，有人兴奋地发疯，有人痛苦地跳楼。对任何人来讲，幸福极容易把握，也极容易失去。关键在于心态的平衡与否，"知足常乐"就是最大的幸福。谁能够以平常心看待功名利禄，以平静心观赏云起云散，宠辱不惊，谁就是幸福最大的受益者。拥有知足，就拥有幸福。珍惜幸福，应当从拥有知足开始。

珍惜你现在所拥有的一切吧！

第八章
放弃是为了更好地得到

　　著名的禅师南隐说过，不能学会适当放弃的人，将永远背着沉重的负担。生活中有舍才有得，如果我们只抓住自己的东西不放，什么都不愿放弃，结果就可能什么也得不到。因此，有时候适当地放弃，既是一种格局也是一种远见。

放下不意味着失去

放弃，并不意味着失去，因为只有放弃才会有另一种获得。漫漫人生路，只有学会放弃，才能轻装前进，才能不断有所收获。在选择自己幸福的时候，一定要学会放弃自己脑海中那些受社会影响的不好的因素，凡事要的是一种缘分，顺从自己的内心，选择自己需要的，就是一种最好的选择。

小和尚跟着老和尚下山去化缘，走到河边时看见一姑娘正发愁没法过河。老和尚就对姑娘说："我背你过去吧！"于是，就把姑娘背过了河。小和尚惊得目瞪口呆，但又不敢问。走了大约二十里地后，小和尚实在忍不住问道："师父，我们是出家人，你怎么背那个姑娘过河了呢？"老和尚淡淡地说道："我把她背过河就放下了，你怎么背了二十里地还没放下呢？"

拿得起就要放得下，这是生活教给我们的智慧。可是，在生活中，我们中的很多人却像小和尚一样，时常被沉重的包袱压得无所适从，但仍然舍不得放下。得到的越多，还想得到更多。

金丹元先生在《禅意与化境》中有一则关于佛陀的传说：

梵志双手持花献佛，佛云："放下。"

梵志放下左手之花。佛又道："放下。"

梵志放下右手之花。佛还是说："放下。"

梵志说："我手中的花都已经放下了，还有什么可再放下的呢？"

佛说："放下你的外六尘、内六根、中六识，一时会去，舍至无可舍处，是汝放生命处。"

当你在生命的旅途中感到疲倦的时候，你有没有想到放下？当你陷入在烦恼中无法自拔的时候，你又有没有想到过放下？

放下，其实是一种生存的智慧。

当我们放下压力，小心翼翼地擦去心灵上的灰尘，让心灵像白云一样飘浮在蓝天之上，坎坷的道路就不会再成为羁绊，我们的脚步就会轻盈。

当我们放下烦恼，学会平静地接受现实，学会坦然地面对厄运，学会积极地看待人生，阳光就会溜进心来，驱走黑暗，驱走所有的阴霾。

当我们放下抱怨，开始上路，我们就会看到所有偏见和不顺就会走开，所有的幸福都会向你走来。

当我们放下狭隘，我们就会看到眼前的世界是多么的宽广——宽容别人，其实也是给自己的心灵让路，只有在宽容的世界里，才能奏出和谐的生命之歌！

有时候如果我们不懂得放下，面临的有可能是死路一条。

祖父用纸给孙子做过一条长龙，长龙腹腔的空隙仅仅只能容纳几只半大不小的蝗虫慢慢地爬行过去。但祖父捉过几只蝗虫，投放进去，它们都在里面死去了，无一幸免。祖父说：蝗虫性子太急，除了挣扎，它们没想过用嘴巴去咬破长龙，也不知道一直向前可以从另一端爬出来。因此，尽管它有铁钳般的嘴壳和锯齿一般的大腿，也无济于事。

当祖父把几只同样大小的青虫从龙头放进去，然后再关上龙头，奇迹出现了：仅仅几分钟时间，小青虫们就一一地从龙尾默默地爬了出来。

命运一直藏匿在我们的思想里。许多人走不出人生各个不同阶段或大或小的阴影，并非因为他们天生的个人条件比别人要差多远，而是因为他们没有想过要将阴影纸龙咬破，也没有耐心慢慢地找准一个方向，一步步地向前，直到眼前出现新的洞天。

一位登山爱好者，在一次攀登雪峰的过程中，突然刮起了十级大风，雪花漫天飞舞，能见度仅一米左右。此时登山爱好者不慎失去重心，摔落悬崖，幸好他颇有经验一把抓住了安全绳子，

　　仅存一线生机的他死死抓住绳索，暗自哭喊着："上帝，你救救我吧！""可以，不过你应相信我所说的一切。"上帝怜悯道。"好，你说吧。"他惊喜万分。上帝顿了顿说："你放下绳索，就可得救。"好不容易抓到这根救命绳索的登山者，哪肯放下呢？第二天早晨，暴风雪停了。营救队发现了离地面仅两米的冻僵的尸体。

　　放下，并不意味着失去，相反，放下是为了更好的生存。

放弃也是一种成功

不言放弃，不安于现状从某种角度来说是一种境界，一种力度，一种坚韧，但未必是迈向成功的唯一的正确选择。

生活中我们经常不得不忍痛放弃一些心爱的东西，"鱼与熊掌不可兼得"，但放弃的目的是为了更好地选择，更长远的收获。

蝴蝶只有放弃茧房，才会有芬芳中的飞翔，花儿只有放弃温室，才有阳光下的尽情绽放；大海中航行只有放弃海市蜃楼的迷惑才能顺利抵达目的地，漫漫征程只有放弃沉重的行囊才能爬得越高，走得越远；如果要登高望远，就要放弃家居的舒适，如果要获得最大的成功，就要放弃眼前的安逸。每个人都有自己的追求，为一个切合实际的正确的目标而奋斗，即使过程再艰辛也有实现的可能。然而为一个违背客观实际的目标而坚持不懈，这种"锲而不舍"就会像"屠龙之技"一样可笑，莎士比亚说过：最大的无聊是为了无聊而费尽辛苦。历史上曾有许多人热衷于永动机的制造，有的甚至耗尽了毕生的精力，却无一成功。达·芬奇也曾是狂热的追求者之一，然而一经实验他便断然放弃并得出了永动机是根本不可能存在的结论，他认为那样的追求是种愚蠢的行为，追求"镜花水月"的虚无最后只能落得一场空。

贪是大多数人的共性，有时我们抓住自己想要的东西不愿放弃，就会为自己带来痛苦、压力，甚至是毁灭。现在社会经常上演因贪名贪利、贪财贪色而赔上自己锦绣前程，甚至生命的案例。曾看过这样一个故事，有个孩子伸手到一个装满榛果的瓶里，他尽可能多的抓了一把，当他想把手收回时却被卡在了瓶口，他即不想放弃榛果，又不能把手拿出来，不禁伤心地哭了。

如果一个人执意于追逐与获得，执意于曾经拥有就不能失去，那么就很难走出自己，走出患得患失的误区，必将会为达到目的而不择手段，甚至走向极端。为物所累，将成为一生的羁绊。

适时放弃是一种智慧，会让你更加清醒地审视自身内在的潜力和外界的因素，会让你疲惫的身心得到调整，才能开始新的追求，才能成为一个快乐明智的人。有的人不愿放弃是因为不能正确地认识自己，认识客观事物或者不能正确的审时度势，放弃不应是心血来潮的随意之举，也不是无可奈何的退却策略，而是对客观情况的缜密分析，是沉着冷静、坚强意志的结果和体现，正确的放弃是成功选择。

1976 年英国探险队成功登上珠峰，下山时却遇上了狂风大雪，如果扎营休息，恶劣天气很可能致全军覆没，而继续前行必须放弃随身的贵重物资和宝贵的资料，还要在食物缺乏，随时有失去生命的危险情况下前进 10 天。这时退役军人莱恩率先丢弃了所有的随身装备，并和队友们相互鼓励着忍受着寒冷、饥饿和疲劳，不分昼夜地行走，只用了 8 天的时间就到达了安全地带。这是一个惊心动魄、生死攸关的有关放弃的故事，他告诉我们如何正确地对待和选择放弃。

人的执着常常被奢望所鼓舞。世间太多美好的事物已成为我们苦苦追求与向往，成为活着的一大目的，殊不知我们在不断拥有的同时，也在不断地失去。为金钱所累，为名利所累，而最终付出的将是健康甚至是生命的代价。

适时的放弃是对生命的呵护。当今社会残酷的竞争带来的是沉重的压力和难言的负荷。前不久，傅彪、郭秀敏猝然离世，近日又惊闻年仅 38 岁的网易代理首席执行官孙德棣 "过劳死"，不禁令人顿生感慨。由于长期超负荷运转，致使这些年轻的生命过早凋零，也许他们在倒下的瞬间才明白：人生一世健康才是最大的财富，钱物现金也难保性命。人生苦短，那么以生命为代价的磨损是沉重的，是任何东西都无法弥补的，为将来着想，为长远考虑，我们为什么不早点放弃对财富的追求，对虚名的争夺，对权力的角逐呢？

　　人生多憾事，世事无圆满，放弃不是无奈的选择。放弃心中的那份美好，将会成为灵魂深处弥足珍贵的一道风景。当爱情不再，只有放手才能让一切过往成为美丽的回忆，也会因了夜半无眠的思念使这份残缺的遗憾更加美好；放弃一份无缘的爱情，放弃执着投入却不能企及的事情，那段因不舍而放手的伤感情节将随时间的流逝而云淡风轻，成为心底一道别样的风景。人生有所追求是必要的，但要有切合实际的目标而不可盲目。放弃成长路上的风花雪月，放弃无望的守候，放弃心中的块垒，放弃所有的负荷才能让你轻松上路，以豁达明智之心，获得新的拥有。

　　暂时的放弃是一种智慧，他会让你更加清醒认识自己，反省自己，摆脱烦恼，让疲惫的身心得到调整。试想，吸烟者迷恋尼古丁于身体何益？早恋者执迷不悟对一生何益？凡此种种更使我们坚信，放弃是一种明智！

　　学会放弃会使你变得更理智，更懂得用大脑思考人生，参悟生活的道理。放弃，也许有遗憾，也许有伤感，但会让生活的底蕴更隽永、更久远。

　　安然放弃让我们生活得更淡定，内心更从容，更恬静，似暗香浮动温馨着未来如歌的岁月。

有舍才能有得

马涛十一岁那年，一有机会便去湖心岛钓鱼。在鲈鱼钓猎开禁前的一天傍晚，他和妈妈又来钓鱼。安好诱饵后，他将鱼线一次次甩向湖心，湖水在落日余晖下泛起一圈圈的涟漪。过了一段时间，钓竿的另一头忽然倍感沉重起来。他知道一定有大家伙上钩，于是急忙收起鱼线。终于把一条竭力挣扎的鱼拉出水面。好大的一条鲈鱼啊！

月光下，鱼鳃一吐一纳地翕动着。妈妈打亮小电筒看看表，已是晚上十点——但距允许钓猎鲈鱼的时间还差两个小时。

"你得把它放回去，儿子。"母亲说。

"妈妈！"孩子哭了。

"还会有别的鱼的。"母亲安慰他。

"再没有这么大的鱼了。"孩子伤感不已。

他环视了四周，已看不到一个鱼艇或钓鱼的人，但他从母亲坚决的脸上知道无可更改。暗夜中，那鲈鱼抖动笨大的身躯慢慢游向湖水深处，渐渐消失了。

这是很多年前的事了，后来马涛成为有名的建筑师。他确实没再钓到那么大的鱼，但他却为此终生感谢母亲。因为他通过自己的诚实、勤奋、守法，猎取到生活中的大鱼——事业上成绩斐然。

放弃，意味着重新获得。要想让自己的生活过得简单一些，你就有必要放弃一些功利、应酬，以及工作上的一些成就，只有放弃一些生活中不必要的牵绊，才能够让你的生活真正简单起来。

中国有句老话：有所不为才能有所为。去除那些对你是负担的东西，停止做那些你已觉得无味的事情。只有这样，你才能更好地把握自己的生活。

见到房东正在挖屋前的草地，一个房客有点不相信自己的眼睛："这些草你要挖掉吗？它们是那么漂亮，而你又花了多少心血呀！""是的，问题就在这里。"他说，"每年春天我要为它施肥、透气，夏天又要浇水、剪割，秋天要再播种。这草地一年要花去我几百个小时，谁会用得着呢？"

现在，房东在原先的草地种上了一棵棵柿子树，秋天里它们挂满了一只只红彤彤的小灯笼，可爱极了。这柿子树不需要花什么精力来管理，使他可以空出时间干些他真正乐意干的事情。

选择总在放弃之后。明智之人在做出一项选择之前总会先把自己要放弃的找出来，并果断地将之放弃。例如，当你决定要健康的时候，你就要放弃睡懒觉，放弃巧克力糖……当你要享受更轻松的生活，你就要放弃一些工作上的琐事和无休止的加班，等等。总之，要选择简单生活你就首先要决定放弃什么。

很多时候我们希望选择，但是我们却不愿意放弃，例如感情：有些人选择了新的感情，却不愿意放弃旧的感情，因为不甘心，不甘心自己曾经得到而又失去，但假如要放弃新的感情自己又不愿意，于是不仅折磨自己，又折磨别人。人生总是有失有得，在得到的时候一定会失去一些东西。不做选择，会注定什么都会失去；选择了，就不要后悔，大踏步地向前走，人不可能什么都得到，有舍才能有得。一部电视剧或者一部电影之所以感人不是因为男女主人公的痛哭流涕，而是因为故事里男女主人公的痛苦抉择，在抉择中放弃，在痛苦中永生。所以，要选择新的生活必须懂得放弃，不舍得放弃的人只能生活在旧梦里，永远不会得到新的幸福。

不妨问问自己："为了能够更有效、更简单的生活，我必须放弃哪些事情？为了使我的生活更简单，我必须停止做哪些事情？"当你能够以这样的思考模式来转换你的思想，来改善你的行动方案时，你就会轻松地放弃很多不必要的事情，让自己过上一种轻松、简单、健康的生活。

放下一些无谓的欲望

有一个聪明的年轻人，很想在一切方面都比他身边的人强，他尤其想成为一名大学问家。可是，许多年过去了，他的其他方面都不错，学业却没有长进。他很苦恼，就去向一个大师求教。大师说："我们登山吧，到山顶你就知道该如何做了。"

那山上有许多晶莹的小石头，煞是迷人。每见到他喜欢的石头，大师就让他装进袋子里背着，很快，他就吃不消了。

"大师，再背，别说到山顶了，恐怕连动也不能动了。"他疑惑地望着大师。

"是呀，那该怎么办呢？"大师微微一笑，"你可以放下，不放下背着石头咋能登山呢？"

年轻人一愣，忽觉心中一亮，向大师道了谢走了。之后，他一心做学问，进步飞快……其实，人要有所得必要有所失，只有学会放弃，才有可能登上人生的极致高峰。

我们很多时候候羡慕在天空中自由自在飞翔的鸟儿，人其实也该像这鸟儿一样的，欢呼于枝头，跳跃于林间，与清风嬉戏，与明月相伴，饮山泉，觅草虫，无拘无束，无羁无绊，这才是鸟儿应有的生活，才是人类应有的生活。然而，这世上终还有一些鸟儿，因为忍受不了饥饿、干渴、孤独乃至于"爱情"的诱惑，从而成为笼中鸟，永远地失去了自由，成为人类的玩物。

与人类相比，鸟儿面对的诱惑要简单得多，人类要面对来自红尘之中的种种诱惑。于是，人们往往在这些诱惑中迷失了自己，从而跌入了欲望的深渊，把自己装入了一个个打造精致的所谓"功名利禄"的金丝笼里。这是鸟儿的悲哀，也是人类的悲哀。然而更为悲哀的是，人类置身于功名利禄的包围中，仍自鸣得意，唯我独尊，这应该说是一种更深层次的悲哀。

人生在世，有许多东西是需要不断放弃的。在仕途中，放弃对权力的追逐，随遇而安，得到的是宁静与淡泊；在淘金的过程中，放弃对金钱无止境的掠夺，得到的是安心和快乐；在春风得意，身边美女如云时，放弃对美色的占有，得到的是家庭的温馨和美满。

古人云：无欲则刚。这是一种境界，一种修养，这样会活得更加简单，更加洒脱，更加自由。于是，在滚滚红尘中，怀一颗平和心，挡住各种诱惑，做一件平常事，学会放弃许多，当一个平凡人，简简单单生活。

那天，看见紧闭的窗户前有一只蜜蜂，它不断地振起翅翼向前冲去，撞上玻璃跌落下来，又振翅飞起撞过去……如是反复不断。不久，便发现这可怜的蜜蜂倒在窗台，力竭而死。

人亦如此，时常较之物类更是固执。人总喜欢给自己加上负荷，轻易不肯放下，自谓为"执著"。执着于名与利，执着于一份痛苦的爱，执着于幻美的梦，执着于空想的追求。数年光华逝去，才嗟叹人生的无为与空虚。我们总是固执得感性，由"我想做什么"到"我一定要做到什么"，理想与追求反而成为一种负担。冥冥之中有人举着鞭子驱使着我们去追赶，我们追得到什么？夸父始终也没能追上太阳的东升西落。

适当的放弃何尝不是一种美德，或许有另一扇窗户开着，蜜蜂掉头就能飞出去，外面是自由的天，自由的地，自由的空气，自由的心……

放弃身外之物

　　每个人都知道"生不带来，死不带去"的道理，但只有极少数的人能奉行为生活准则，不积敛财物，潇潇洒洒过一生。

　　有个美国游客去波兰拜访了著名的教士哈菲斯·海依姆。他惊讶地发现这位教士的家只是个小房子，堆满了书。所有的家具就是一张桌子和一把凳子。

　　"教士，你的家具在哪里？"那位游客问道。

　　"那么，你的家具呢？"海依姆教士反问道。

　　"我的？我在这里不过是一个过客，根本不用家具。""我也是过客而已呀。"海依姆说。

　　金钱、饰物都是身外之物。生不带来，死不带去。

　　我有一个好友阿心，她的"物欲"极低，她购物的原则是只买"消耗品"，如肥皂、卫生纸、食物等。去她家做客总让人觉得神清气爽，宽敞的屋内除了床、饭桌、椅子之外，空无一物，窗明几净。只要踏进她的房子，所有烦躁、慌乱似乎一扫而空。我极赞同阿心的生活方式，但自己的领悟却是经过无数的人生历练才得到的。

　　年轻时赚得多也花得多，琳琅满目的装饰品、不计其数的衣服是看中就买，但经过几次大迁徙，能丢的全丢了。我现在也和阿心一样，只买"消耗品"，逛街时可以心如止水，只欣赏，不买。好摆设、高级家具在店里看看就好，何必一定占为己有呢？《圣经》中提到"你的财宝在那里，你的心也在那里"。自己没有什么"身外之物"，一来心无所碍、活得自在，二来百年之后也不会被亲人埋怨"死不带去"的东西太多，丢都丢不完。

　　世上种种纷争，或是为了财富，或是为了教义，不外乎利益之争和观念之争。当我们身在其中时，我们不免很看重。一旦身外之物远远超过人身的自重，人就变得自负，生命就失去平衡，致使不少人变得飘飘然，忘记了自己是谁，忘记了党的宗旨：全心全意为人民服务，忘记了手中的权力是人民赋予的了。私欲膨胀，利欲熏心，利令智昏。似乎人的自身这个"主体"无关紧要，重要的倒是那些附属的、花花哨哨的身外之物。这样就有人贪婪成性，贪得无厌，就有人铤而走险，不能廉洁自律，把党纪国法置之度外，就有人玩火自焚，心甘情愿沦为身外之物的奴隶，最终成为阶下囚！"人为财死，鸟为食亡"就是这个道理。

但是，我们每一个人都迟早要离开这个世界，并且绝对没有返回的希望。在这个意义上，我们不妨也用鲁滨孙的眼光来看一看世界，这会帮助我们分清本末。我们将发现，我们真正需要的物质产品和真正值得我们坚持的精神原则都是十分有限的，在单纯的生活中包含着人生的真谛。

无论你多么热爱自己的事业，也无论你的事业是什么，你都要为自己保留一个开阔的心灵空间，一种内在的从容和悠闲。唯有在这个心灵空间中，你才能把你的事业作为你的生命果实来品尝。如果没有这个空间，你永远忙碌，你的心灵永远被与事业相关的各种事务所充塞，那么，不管你在事业上取得了怎样的外在成功，你都只是损耗了你的生命而没有品尝到它的果实。

大舍大得，不舍不得

记得以前曾听说过一个故事，一个中国留学生初到美国时，只能靠在街头卖艺生存，那时有一个最赚钱的地盘——一家银行的门口，和他一起拉琴的还有一个黑人琴手，他们配合得很好。

后来这个留学生用卖艺的钱进入大学进修。十年后，留学生成了国际上知名的音乐家。一次，他发现那位黑人琴手还在那家银行门前拉琴，就过去问候，那位黑人琴手开口便说："嘿，伙计！你现在在哪个地盘拉琴？"

我的表姐十五年前硕士毕业后在一所名牌大学任教，工作得心应手，教学很受学生欢迎，而且科研成果丰硕，不到三年就已经在国家级著名刊物上发表论文十余篇，出版专著一部，很快就被学校破格提为副教授，并被任命为教研室主任。

亲朋好友都为她感到高兴和骄傲，我们都认为，她只要按照目前的学术之路按部就班地走下去，正教授、博导都是指日可待的。

可让大家惊讶万分的是，她却辞去这体面、高雅又前途光明的大学教职，应聘到美国一著名的跨国公司任中国珠三角地区的总代理。

我们为她的选择既感到惋惜又感到担心，惋惜她唾手可得的美好前程就这样放弃了，担心她一个学问型的青年女子是否适合做外企白领，能否把经商和管理工作搞好。

表姐还真了得，做什么像什么，在她的努力下，两年后，该跨国公司在中国珠三角地区的业务量提高到原来的 2．5 倍，她受到总公司的通令嘉奖，她的年薪提高到 120 万。

在她干得如火如荼的第四年，表姐又做了一个让我们大跌眼镜的举措，她离开了这个薪金让人羡慕得流口水的跨国公司，考到美国哈佛大学去读经济学博士。连我的姨母姨夫也就是表姐的爸妈都说她傻。

人要勇于放弃一些东西，才能够轻松地去争取一些东西，假如什么都不肯放弃，那也没有时间和精力去追求新的获得。舍得，是先舍而后得，而不是先得而后舍。当然，每个人都想得的越多越好，那是不可能的，因为你两只手只能抓住两样东西，永远没有可能得到所有的东西。

在送表姐去美国的前夕，我还是忍不住问表姐："你以前的两个工作都是很好的，别人都是可望而不可即，可你为什么一再舍弃呢？"

表姐说："从读硕士研究生到现在，我确实是三五年换个岗位，这十年来，我最大的收获并不是物质和金钱，而是努力拼搏挑战自己的乐趣。丰富了自己的阅历。我很看重生活和工作在内心的某种激情碰撞，所以我能勇敢地去'舍'。"

她看看我问："小妹，你能理解我吗？"

我点点头。

表姐接着说："我承认，我的每一步跳跃，并不是人们心目中完美的一跳，都存在一定的风险，但我不太在乎那些世俗的衡量标准，而更看重自己内心到底想要什么。"

"比如，我博士毕业以后，从事的工作挣的钱是否就保证比现在挣得多呢？那也不一定的。"

电影《卧虎藏龙》里有一句很经典的话：当你紧握双手，里面什么也没有；当你打开双手，世界就在你手中。懂得放弃，才能在有限的生命里活得充实、饱满、旺盛。

放弃失落带来的痛楚，放弃屈辱留下的仇怨，放弃无休无止的争吵，放弃没完没了的辩解；放弃对情感的奢望，放弃对金钱的渴求，放弃对权势的觊觎，放弃对虚荣的纠缠。只有当机立断

　　地放弃那些次要的、枝节的、不切实际的东西，你的世界才能风
和日丽、晴空万里，你才会豁然开朗地领悟"小舍小得，大舍大
得，不舍不得"的真谛。

不要为了放弃而放弃

这已经是很久以前的事情了。小朵到美发店做完头发后差点晕倒,当时有几个月没去做头发了,头发很长很乱,小朵告诉理发师想剪一个干净利索的发型。可是剪完了才发现,他给我做了一个一点都不适合我的蘑菇形状的短发,那段时间很流行这样的蘑菇头。现在想起来,很像电影里的"撒旦人偶"造型呢。小朵当时难以接受,至少要三个月后,头发才能长长呢。

当时小朵真不想出门,必须要见客户的时候也是畏畏缩缩不敢抬头。小朵想:这么有名的美发店怎么会把我变成这个样子?如果确定是理发师的过失,我就要求赔偿,可仔细回想一下,理发师也没什么大问题。他询问我是否可以做一个最近某某明星在某个电影里的那种发型,我说好。又问我刘海儿要不要剪成有弧度的,我说可以,最后的发型和那个明星的确实一样。问题是这个发型并不适合我的脸形,而我并不清楚这一点,就把自己的头发交给了理发师。

舍得也是一样的。比如,如果你只是觉得厌恶现在的工作,想摆脱这样的环境而去旅行,即使到了目的地,还是无法摆脱空虚的情绪。这个世界上不存在可以抚慰一个人内心茫然的完美乐园。出去度假一个月,回来还抱怨"回来一看,还是老样子"的人,旅行回来说"其实也没什么好看的"的人,很可能是没有搞清楚舍得本身的意义。我们通常说的'简单看看就走掉了'的人,大部分不是在旅行,而是在逃避。

人生中无怨无悔地放弃的最好时机就是你对现在拥有的东西有一定程度的感激之心的时候。"现在也不错,但我真想要的生活在别处,所以我要放弃。"要到这个程度,才是真正意义上的放弃。

现在很多刚刚踏入社会的年轻人聪明、有能力，自我意识也很强。但入职还不到几个月，就说什么"我不是为了给前辈们冲咖啡才来这里工作的"并随即辞职的人不在少数。每当看到他们的时候，都令人觉得惋惜。其实很多时候，能够欣然给同事冲一杯咖啡的人往往也能和客户很好地交流，复印得又快又清晰的人往往策划案也写得很精彩。习惯于只是为了放弃而放弃的人永远都做不到最好。

放弃本身并不是我们的目的，放弃是为了更好地得到，一定不能忘记这一点。当你准备放弃的时候，要想清楚是自己为了放弃而放弃，还是为了更好地得到而放弃。

如果必须对自己的目的有清晰的意识才能放弃，那么你还没有资格放弃。"放弃"这个词汇似乎是瞬间的行为，但为了更好地放弃，必须做出很多努力。"

如果你已经在心理上做好了放弃的准备，也不要为了放弃而放弃——也许事情本没有你想的那么糟，并不值得去放弃；如果此时你为了放弃而放弃，就被自己的潜意识的负面力量所控制，从而无法将事物引向好的那一面发展。

不管什么时候，都要心存希望。即使准备放弃，在没有放弃之前，仍要心存希望。这样，事物才不会沿着你的负面情绪走向不好的后果。

没有什么值得患得患失

《孔子家语》里记载着一个故事：有一天，楚王外出游玩，不小心丢了他的弓，于是他手下的人要去找。楚王说："不必了，虽然弓掉了，总会有人捡到，不管怎样，反正都是楚国人得到，又何必再去找呢？"

孔子听说了这件事，感慨道："楚王的这种心态很好，但楚王的心还是不够大呀！为什么不讲人掉了弓，自然会有人捡到，又何必计较是否是楚国人呢？如果能这样，那不是更加不会计较，更加放得开，更加自在了吗？"

生活中，总是会有这样一部分人，他们做什么事情都要再三思量、反复考虑，做完之后又放心不下，对方方面面都考虑得十分周全，如有不妥，就很担心把事情办砸，还担心别人对自己的看法，极其重视个人的得与失。

由于他们整日被笼罩在患得患失的阴影中，心里得不到片刻安宁。这种人的心态其实就是典型的患得患失。有一句话说得好："人生常有得有失，但不可患得患失。"是的，得与失是每个人都不可避免要会计对的问题，但如果你不能以淡然的心态去会计对得到和失去，你就会得不偿失。

人生有两大幸福：一是没有得到你心爱的东西，等待你去追求、去创造；二是得到你心爱的东西，待你去回味、去珍惜。得到什么？又失去什么？可以是爱，也可以是家庭。总之，是那些想得到又生怕失去的东西罢了。患得患失的人为了得到自己想要的东西，什么都做得出来。就像在职场中为了得到自己的一己利益，或者为了保住自己的既得利益，打击同事，排挤异己，不择手段，无所不用其极。

其实，患得患失的人自己也很痛苦，很无聊，活得并不自在，并不轻松。那可真是"熙熙攘攘为名利，时时刻刻忙算计"，结果还多半会"算来算去算自己"。对这种人来说，人生这正如哲学家叔本华所说的：得与失是在痛苦与无聊、欲望与失望之间摇晃的钟摆，永远没有真正满足，真正幸福的一天。

得与失是人生的精神枷锁，是附在人身上的挥之不去的阴影，但是现代社会竞争的急速加剧，让得与失的人越来越多，能够从容不迫的人越来越少了。这种人总是怕会失去什么，但其实他什么都得不到，因为什么都不想丢下，就什么都得不到。

俗话说：得失失得，何必患得患失。人生就是这样，你得到又有可能失去，失去的，反而有可能又在不经意间得到了。所以，这种得得失失的事，又何必太在意呢。如果太担心我是否能得到，又担心得到了的怕失去，那人生就失去了好多乐趣。也会过得太羁绊，太忧郁。自然界中万物的变化，有盛便有衰；人世间的事情也同样如此，总是有得便有失。你掌握规律，把握机会，该出手时一定要出手，否则"机不可失，时不再来"，悔之晚矣。

患得患失的人总把个人的得失看得过重。人生百年，贪欲再多，钱财再多，也一样是生不带来死不带走。处心积虑，挖空心思地巧取豪夺，难道就是人生的目的？这样的人生难道就完善，就幸福吗？过分看重个人的得失，这样的人变得心胸狭隘，斤斤计较，目光短浅。如果能将个人利益的得失置于脑后，便能够轻松对待身边发生的事，遇事从大局着眼，从长远利益考虑问题。

祸往往与福同在，福中往往就潜伏着祸。得到了不一定就都是好事，失去了也不见得就是件坏事。这是朴素的哲理。人生在世，正确地看待个人的得失。